中国居家养老住宅适老化改造实操与案例

（第三版）

甲子养老服务有限公司　组织编写　　王友广　李汉东　编著

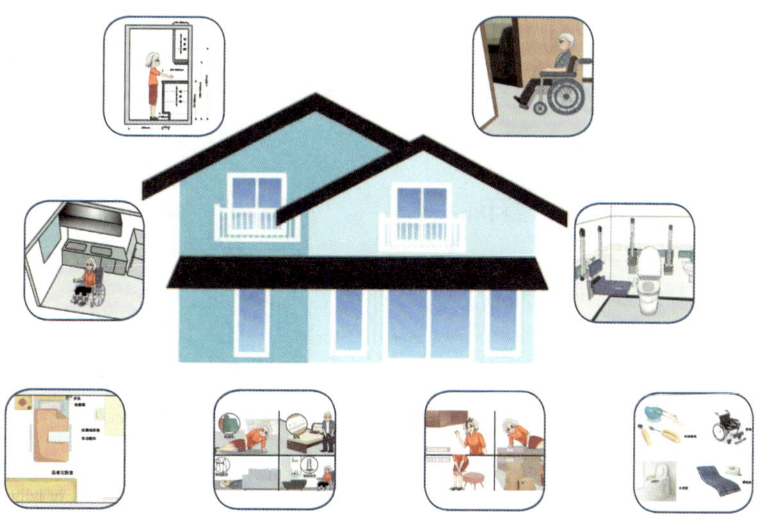

华龄出版社
HUALING PRESS

图书在版编目(CIP)数据

中国居家养老住宅适老化改造实操与案例 ：第三版 / 王友广，李汉东编著 ；甲子养老服务有限公司组织编写. 北京：华龄出版社, 2024. 8. -- ISBN 978-7-5169 -2792-2

Ⅰ. TU241. 93

中国国家版本馆 CIP 数据核字第2024PL6245 号

责任编辑 程　扬　彭　博　　**责任印制** 李未圻

责任校对 张春燕

书　名	中国居家养老住宅适老化改造实操与案例：第三版	**作　者**	王友广　李汉东 甲子养老服务有限公司
出　版 发　行	华龄出版社 HUALING PRESS		
社　址	北京市东城区安定门外大街甲 57 号	**邮　编**	100011
电　话	（010）58122250	**传　真**	（010）84049572
印　刷	廊坊市博林印务有限公司		
版　次	2024 年 9 月第 1 版	**印　次**	2024 年 9 月第 1 次印刷
规　格	787mm × 1092mm	**开　本**	1/16
印　张	12.25	**字　数**	187 千字
书　号	ISBN 978-7-5169-2792-2		
定　价	78.00 元		

本书编委会

许　悦	南京工程学院	副教授
赵建国	集美控股集团	董事长兼总裁
鄂俊宇	中国建材市场协会适老产业分会	会长
	安馨康养产业投资集团有限公司	董事长
李　丹	北京群畅健康管理应用技术研究院	院长
李高东	中国国际经济技术合作促进会	副理事长兼秘书长
黎乃超	北京住宅房地产业商会	会长
王宁桥	中国中小企业协会金融科技分会	常务副会长
于瑶天	北京市康复辅具协会	会长
陈文广	广州养老服务产业协会	会长
张智勇	江西省赣州市养老服务行业协会	会长
武卫东	石家庄市养老协会	会长
	河北仁爱医养服务集团有限公司	董事长
方学鸿	江西省医养服务行业协会	法人会长
	南昌理工学院	客座教授
郭亚文	北京文化创意产业投资商会	常务副会长
张帅一	深业健康产业投资运营（深圳）有限公司	总经理
王法全	大连市老龄产业联合会	执行会长
迟　胜	中关村物联网智慧健康专委会	秘书长
邹　薇	陕西省康养产业协会	秘书长
梁　东	深圳市社会福利协会	副会长
曾　辉	东莞市养老产业协会	监事长
	广东文木空间建设工程有限公司	董事长
白　强	北京市北京通养老卡数据服务中心	主任
张卢锋	和君咨询	副总经理
	和君康养事业部	总经理
曹卓君	和君咨询	合伙人
	和君康养事业部	副总经理
陈　锋	苏州康养集团 教育投资管理公司	总经理

周志专	田野集团股份有限公司	总经理、博士
向化胜	大家保险集团有限责任公司	运营总监
王　一	中信颐养康复医院（北京）有限公司	养老总监
郭　威	万达信息股份有限公司	副总裁
罗小东	泰康养老健康险事业部照护保险部	产品总监
殷宗明	赛伯乐绿科投资集团	高级合伙人
王小龙	北京寸草关爱管理咨询有限公司	董事长、博士
姚　雪	北京爱暮家养老机构管理有限公司	董事长
李九翔	北京领创精准医疗健康产业投资股份公司	副总经理、博士
陈洪明	长春宪霖工程管理有限公司	董事长
蔡爽旻	北京汇润东方投资基金管理有限公司	合伙人
李　洋	北京大国智汇医疗科技有限公司	董事长
吴晓蓉	北京易享生活健康科技有限公司	创始人兼 CEO
吕宗谋	北京和美德科技有限公司	董事长
汪树新	九鼎伟业集团	董事长兼总裁
张树胜	北京金隅天坛家具股份有限公司	
	树胜适老工作室	创始人
	中国建筑装饰协会适老产业委员会	副会长
刘明麻	青岛市康养学会	副会长
蒋洪卫	中健联康养研究（海南）有限公司	董事长
赵亚东	北京甲子科技有限责任公司	董事、总经理
方奕琪	云南甲子养老服务有限公司	董事长
邵　剑	苏州甲子养老服务有限公司	总经理、国家一级注册建筑师
康铁鑫	中裕甲子（青岛）养老服务有限公司	董事长
孔佳宝	杭州甲子养老服务有限公司	总经理
李　军	裕沣甲子（南京）养老服务有限公司	总经理

本书编写人员

王友广　李汉东　陈清华　巫国兴　黄　华　姚　楠　苏玉龙
李鹏伟　李拥民　杨步云　殷　子　孔令歌　吴　丹　李明峰
刘志刚　强纾旖　张书银

序　言

中国老龄化进程的迅速让人猝不及防。据2022年国民经济和社会发展统计公报，截至2022年年底，我国60岁及以上老年人口数已达2.8亿，占总人口的19.8%，其中65岁及以上老年人2.1亿，占比14.9%。如何妥善解决我国庞大的老年群体养老问题，使老年人生活得安全无虞，享有尊严和质量，考验着政府和社会的治理水平和应对能力。

在不久前举办的“健康中国50人论坛”上，我结识了在养老产业辛勤耕耘十余年的王友广先生，并为他专注适老化改造、并将在实践中获得的经验结集出版的执着精神所打动。每当看到身边发生的老人因跌倒致病致残，甚至没有来得及与家人打声招呼就遽然离世的案例，他都心急如焚，认为自己应该为老年朋友做点什么。为此，他义无反顾地辞去了薪酬不菲的银行高管职务，自己创办了甲子科技公司。他把服务老年人确定为企业的发展理念，致力于中国的适老化改造，努力为老年人打造一个安全、舒适的养老环境，彰显了一个企业家博大的爱心和强烈的社会责任感。

当前，我国老年人的养老方式中，与家庭共同居住者占比为80.4%、独居老人占比为15.9%、机构养老占比为3.7%。随着老龄化程度的不断加深，未来我国的基本养老模式就是依托社区的居家养老模式，这是由我们的基本国情决定的。老年人在家庭中生活终老，不仅是对自己熟悉的生活环境的依赖性使然，也是经济条件、文化传统、养老资源等多方面条件制约下的必然选择。经验表明，适老化改造是预防老人跌倒的有效方式之一，也是实现老年人居家养老的基础保障。

所谓适老化改造，就是为了方便老年人的生活起居，对现有的居住环境实施的一系列改造项目的行为。适老化改造需要根据老年人的年龄、健康状况、生理特点等具体情况去设计必要的环境空间和适老化服务设施，同时还要充分考虑各个阶段老年人入住此类改造后居室的心理慰藉需求。因此，如何让老人在家中生活更安全、更舒适、更有尊严，是“适老化”改造项目的核心问题。

适老化改造是个新鲜事物，具有潜在的巨大市场需求和广阔的发展前景。目前，该行业尚处在发展的初始阶段，缺少统一的行业标准和操作规范。王友广先生带领企业员工经过不断探索，并借鉴国外先进经验，提出了一套居家适老化改造的设计标准和操作规范，书中也提供许多有价值的参考案例。希望本书的出版能够推动我国适老化改造的健康发展，为我国养老事业和养老产业的高质量发展贡献力量。

是为序。

張梅穎
第十、十一届全国政协副主席
2023 年 6 月 15 日

目 录

第1章 适老化改造的背景和意义

第2章 适老化改造的相关概念与理论

第1章 适老化改造的背景和意义

本章首先介绍中国老年人口的基本特征以及变化趋势，其次引出中国养老问题以及现实需求，说明实施适老化改造是解决中国庞大的老年人口居家养老问题的基本手段。在此基础上，将介绍国内外开展居家养老适老化改造的相关经验，最后阐明在我国开展适老化改造的重要意义、所面临的挑战和可能的解决方案。

1.1 中国人口老龄化的现状、特点及趋势

根据 1956 年联合国发布的《人口老龄化及其社会经济后果》所确定的划分标准，当一个国家或地区 65 岁及以上老年人口数量占总人口比例超过 7%时，就意味着这个国家或地区进入老龄化。1982 年维也纳老龄问题世界大会确定，如果一个国家或地区的 60 岁及以上老年人口占总人口比例超过 10%，意味着这个国家或地区进入严重老龄化。中国从 1999 年进入人口老龄化社会，随着时间的推移，中国的老龄化程度不断加深，未来由于人口老龄化面临的挑战也将不断加剧。中国的老龄化有如下特征：

首先，中国老年人口数量庞大，且占总人口的比重（老年系数）也越来越高。2020 年进行的第七次人口普查显示，当年中国总人口为 14.11 亿，其中，60 岁及以上老年人口为 2.64 亿，占总人口的比重为 18.7%；65 岁及以上老年人口为 1.92 亿，占总人口的比重为 13.6%；80 岁及以上老年人口为 0.36 亿，占

总人口的比重为 2.6%。中国已进入人口数量负增长时期，根据我们的预测，到 2050 年，总人口将降至 12.45 亿左右，但与此同时，中国的老年人口数量将持续增加，老龄化程度将不断加深。到 2050 年，60 岁及以上老年人口将达到 4.78 亿左右，占总人口的比重将达到 38.4%；65 岁及以上老年人口将达到 3.6 亿左右，占总人口的 28.9%；80 岁及以上老年人口将达到 1.13 亿左右，占总人口的 9.2%。

其次，中国未来老年人口将主要居住在城镇，城镇老龄化程度长期看将超过农村。中国在走向深度老龄化的过程中，城乡老龄化的程度将出现反转。2020 年全国城镇 60 岁及以上、65 岁及以上和 80 岁及以上的老年人口分别为 1.43 亿、1.01 亿和 0.11 亿，分别占全国同龄老年人口总数的 54%、52.6%和 53.4%。根据我们的预测，到 2050 年，全国城镇 60 岁及以上、65 岁及以上和 80 岁及以上的老年人口将分别达到 3.97 亿、2.98 亿和 0.91 亿，分别占全国同龄老年人口总数的 84%、82.7%和 80.3%。城镇 60 岁及以上和 65 岁及以上的老年人口占城镇总人口的比重即城镇老年系数分别为 39%和 29%，高于农村老年系数的 35.8%和 27.6%。这意味着，在未来，中国的老年人口将主要集中生活在城镇，并且城镇老龄化的程度也将高于农村，未来中国城镇将面临更加严峻的老龄化挑战。

图 1-1 表示我国 2020—2050 年分性别和分城乡的 0～100 岁人口数量的分布。左列描绘分性别的分年龄别人口数，每座金字塔左侧表示女性、右侧表示男性，右列描绘分城乡的分年龄别人口数，每座金字塔左侧为农村人口数，右侧为城镇人口数。从图中可以看出，未来中国老年人口将持续增加、青少年人口持续萎缩，逐步呈现出倒金字塔结构。

最后，老年人口中处于不健康状态的人口占了很大比例。根据第七次人口普查公布的长表数据，60 岁及以上人口的健康状态被分为健康、基本健康、不健康但能自理和不健康且不能自理四种状态，其中，处于健康和基本健康的老年人口占所有老年人口的比重为 87.25%，不健康但能自理的老年人口占所有老年人口的比重为 10.41%，不健康且不能自理的老年人口占所有老年人口的比重为 2.34%。由这个比率，可以估算出，2020 年中国老年人口中处于不健康状态

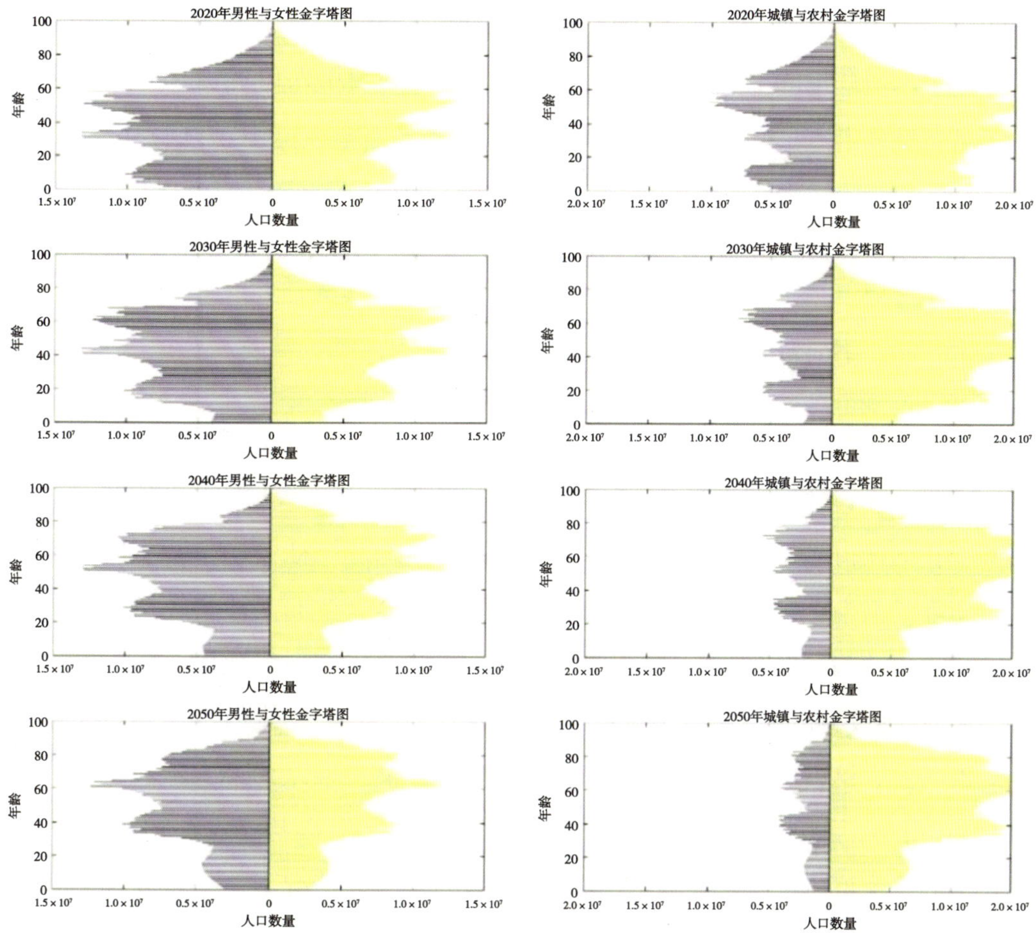

图 1-1　2020—2050 年我国人口金字塔图

的总人数也达到了 3366 万人，其中处于失能状态的老年人口为 618 万人。基于中国健康与养老追踪调查（CHARLS）数据①，综合考虑老年人的身体状况和认知状况，我们将老年人的健康状态分成了健康、部分健康和失能三种状态，研究发现，在所有的追踪样本中，处于健康状态的老年人占比为 51.42%，处于部分健康状态的老年人占比为 37.65%，处于失能状态的老年人占比为 10.93%。依据这一比例，可以估计出，2020 年全国 2.64 亿 60 岁及以上的老年人口中，处于健康状态的老年人口数量为 1.36 亿人，处于部分健康的老年人口数量为

① CHARLS 数据由北京大学国家发展研究院主持整理，该数据集收集了中国 45 岁及以上中老年人家庭和个人的微观数据，我们使用 2011 年、2013 年、2015 年和 2018 年的追踪调查数据和多态生命表方法得到了个体依据年龄增长在不同健康状态下的转移概率。

0.99 亿人，而处于失能状态的老年人口数量则为 2885 万人。随着期望寿命的增长和老年人口数量的增加，未来处于不健康状态的老年人口数量和比例都会增加，这无疑会大大增加社会和家庭的养老负担。

1.2 中国居家养老问题与现状分析

1.2.1 中国养老模式现状

生老病死是人生不可回避的问题，在任何社会、任何历史时期都是如此。老年阶段意味着个体活动能力的降低、健康水平的下降、获取收入和资源的能力减弱，这使得老年人对他人的依赖性增强。中国传统社会中，基本的养老方式是依靠子女养老，即老年人从家庭内部获得支持。然而，社会经济的发展以及计划生育政策的实施，中国加速了工业化、城镇化和现代化的进程，特别是由于独生子女群体的出现，中国的家庭规模、工作方式、价值观念等都发生了巨大的转变，这就使得仅靠家庭内部支持的养老模式难以为继，养老需倚仗社会化服务，从而也推动了中国传统养老模式向社会化养老模式的转变。当然，无论何时，家庭内部支持的作用是不可抹杀的，当前情况下，外部支持对于养老服务体系的探讨已变得更加关键、更加必要。

新中国成立以来，我国居民健康水平和卫生医疗事业水平取得了可喜的进步。国家卫健委发布的中国居民人均预期寿命已然从 1950 年的 44.6 岁提升至 2021 年的 78.2 岁[①]。我们基于 CHARLS 数据进行的分析表明，中国当前 60 岁的老年人的剩余期望寿命为 22.6 年，其中，处于健康状态的剩余期望寿命为 11.8 年，处于部分健康状态的剩余期望寿命为 8 年，处于失能状态的剩余期望寿命为 2.8 年；对于一个当前 80 岁的老年人来说，其剩余期望寿命为 9 年，其中，处于健康状态的剩余期望寿命为 4.6 年，处于部分健康状态的剩余期望寿命为 2.9 年，处于失能状态的剩余期望寿命为 1.5 年。因此，无论是对社会、家庭还是个人，如何保证老年人的生活质量和生命尊严都是一个重要的问题。

① 国家卫健委：《2021 年我国卫生健康事业发展统计公报》，2022。

目前，中国老年人的主要养老方式包括与家人共同居住、独居和机构养老三种，其占比分别为 80.4%、15.9%和 3.7%[①]。中国未来的养老模式可概括为居家养老、社区养老和机构养老，以此获得吃、穿、住、行、乐、养等方面的支持和服务。居家、社区和机构标志着不同的养老场景：居家养老即老年人在家中获得养老支持和服务；社区养老指老年人从所在的社区获得社会化的养老服务；机构养老指老年人通过入住专业机构（即敬老院、老年公寓、托老所等）获得所需要的社会化养老服务。其实，在实践中，三者没有泾渭分明的界限。居住在家中的老年人，有些服务的获取可能是在社区或周边相邻的机构，而居住在机构的老年人，也可能通过社区获取所需的社会化服务（如餐饮等）。总而言之，居家、社区、机构养老是相对的概念，聚焦于描述养老服务发生的主要场所。

随着生活水平、健康意识以及医疗条件的不断进步，退休后的老年人生活自理的时间也越来越长。在生活能够基本自理的情况下，多数老年人偏好熟悉的环境，即在家中安享晚年。综上所述，从微观层面上来说，尊重老年人选择、进行居家养老，十分有利于老年人幸福感的提升。

1.2.2 居家养老与适老化改造

在三种养老模式中，居家养老居于主要地位，这是由中国的现实状况决定的。中国传统文化和观念的影响、老年人长期居家形成的生活习惯和情感偏好、社会经济条件和行业发展的限制，都使得居家养老成为绝大多数老年人及其家庭的选择。而社区养老和机构养老目前作为辅助，为部分老年人提供了多样化的养老模式选择。当前，全国多地提出了“9064”或“9073”等多体系养老模式，以“9064”模式为例（如图 1-2），就是指 90%的老年人以居家养老为主，辅以社会化服务；6%的老年人主要享受政府购买的社区照护服务；4%的老年人自主入住养老机构。可见，无论是“9064”还是“9073”，居家养老占比都要达到 90%。

---

① 刘浩，魏勇，郭林．老龄化背景下城乡养老模式选择研究——基于老年人健康指标的评价分析［J］．价格理论与实践，2021（10）：58-61+193.

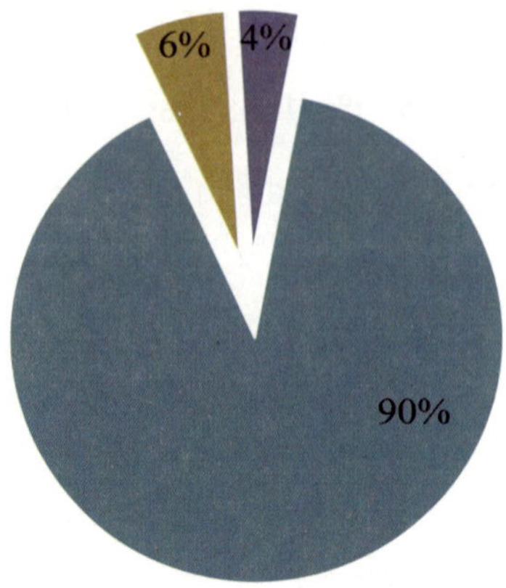

图 1-2 “9064”的养老服务模式

居家养老不仅会产生庞大的养老服务需求，同时也对居家养老的环境提出了新的要求。中国老年人口规模持续扩张，其中高龄老年人口占比愈发突出，同时，长期施行的计划生育政策改变了常见的家庭结构，出现了大量的“4-2-1”模式家庭和空巢家庭。多重因素作用之下，中国巨大的养老服务需求与目前无法与之匹配的养老设施和服务产业发展水平之间的矛盾日益突出，整个社会对老年人居家照护的总需求十分巨大。

为满足人们的生活需要，自 2011 年始，我国历年平均开发住宅竣工面积达 7.7 亿平方米，这样的建设量是史无前例的。然而，住宅的品质不仅以面积论，还要看是否能够满足居住者的长期需求和多样化的生活方式。在现有的住宅建设中，对老年人口居住环境的设计是非常不足的。面对我国的老龄化态势，在持续大量的住宅开发建设中，要建设的不应该是仅仅针对老年人需求的“老年住宅”，而应是动态地满足人生命周期中不断变动的需求的住宅，即“适老化住宅”。同时，旧有住宅也普遍存在适老化设计不足和适老化设施铺设范围过小的问题，使得老年人在居家养老的过程中存在着极大的安全隐患。如图 1-3 所示，老年人的居家环境普遍存在地面积水易滑倒、居家行走多障碍、起坐弯腰无辅助、家具尖锐易伤人等问题。

图 1–3 居家养老问题示例

1.3 发达国家居家养老模式的经验

很多发达国家早已进入人口老龄化阶段，在考虑居家养老环境设施方面积累了丰富的经验，一些通用设计原则在普通住宅设计方案中充分考虑到了老年人的需求。特别是亚洲的一些先进国家和地区，在应对老龄化进程中，大量的适老化住宅设计、建设经验和同时形成的普适性设计标准值得借鉴。以下我们简单介绍一些国家在居家养老和适老化改造方面的做法和经验。

1.3.1 日本

作为亚洲最早进入老龄化社会的国家，日本格外重视老年住宅的建设。因为其文化以及家庭观念都与我国类似，所以其经验最值得我国借鉴。

日本于 1963 年颁布了《老人福利法》，该法从住宅和设施两部分的养老福利对策出发，充分保障老年人的生活权利，积极推进养老社会化。1982 年颁布的《老人保健法》则进一步将养老服务的中心转向居家养老方向。该法提出“70 岁以上的老人除支付必要的医疗费用外，其他费用均由国家和保险机构承担”。为减轻老年人长期照料负担，日本自2004年开始实施“介护保险制度”，该保险部分承担了老年人介护服务费用。2011年，日本在前期颁布实施的《高龄者入住租赁住宅法》《高龄者专用租赁住宅法》以及《面向高龄者提供优质租赁住宅法》的基础上，进一步修订了《高龄者居住法》，明确了高龄独居老人、老年配偶的相关法规，从而为老年人居家养老提供了法律和制度保障。除此之外，日本还有针对已建成或改造完成的适老化住宅进行回访评价的机制，从而使得适老化理念和设计深入到社会各个方面。现在，日本已经建立了完善的居家养老服务体系，承担了社会上大部分老年人的养老需要。

1.3.2 新加坡

新加坡是世界上进入老龄化最快的国家之一。人口从青壮年社会转入老龄化社会的过程，法国用了115年、中国用了26年，新加坡仅用了19年。新加坡政府在社会保障方面提倡“自我积累、自我保障”：为了应对快速老龄化，政府于1955年建立了中央公积金制度，在2002年又推出“乐龄健保”计划，从而形成了多支柱的养老保障体系。养老金资金主要来源于保健储蓄计划，年轻时投保，年老后受益。

新加坡与其他亚洲国家相同，都重视家庭并形成了以家庭为主的养老模式。除家庭养老外，新加坡还积极发展社区养老，并辅以机构养老的多种养老服务模式。新加坡养老机构主要包括居家养老服务机构、日间照料中心和入住式养老服务中心三种，政府在这方面的扶持力度比较大，出资比例占50%以上，剩下的资金由社会募捐及老年人承担。

新加坡养老服务体系强调建立中长期的社会照护体系，强调发挥家庭和社会作用，强调保证老年人的尊严和安全。

1.3.3 美国

美国解决老年人居家养老问题主要有四种方式。一是旧房适老化改造，即对现居旧屋进行各种设施的适老化改造，或将旧有建筑按照适合老年住宅的标准进行改建。二是新建房屋，即通过新建形式多样化的老年住宅如老年公寓和老年社区等，来满足老年人差异化养老的需求。三是鼓励企业建造活动住宅，并通过配套政策法规，规定不得随意对老年租赁者提高房租的同时，对老年活动住宅租赁管理机构给予一定的政策倾斜。四是政策配套跟进，即对老年人进行一系列住房上的优惠补助，包括：减免土地税、出售廉价公屋、提供住宅低息贷款、进行直接补助等。

老年护理院是美国老年居住建筑最初的主要形式，起初是参照医院的标准进行设计的，一般为二人间或四人间，服务设施较为有限。20 世纪八九十年代以来，住宅开发商和养老机构经营方逐步提供了多样化的居住场所选择，且形式也不断丰富，使老年人居环境得到极大改善。现在，美国老年人居住建筑包括了个人照护住宅、集合住宅、专业护理之家、独立退休住宅、生涯照护社区等多种类型。

1.3.4 德国

德国城市老年人的居住环境包含三种类型：第一类是适老化改造后的普通住宅，包括自有住宅和租赁房屋，德国 93%的老年人口居住其中；第二类是遵照适老化设计规范建造的老年住宅，包括可提供长期照护服务的住宅，德国有 2%的老年人口居住其中；第三类是福利性养老护理机构，德国 5%的老年人口居住其中（主要是 80 岁以上的高龄老年人）。对于这三种类型的老年居住环境，德国政府采用了针对性的建设与更新策略。以普通住宅的适老化改造为例，大多数德国老年人在自身健康状况及居住条件允许的情况下都会选择住在自己原有住宅里。熟悉的环境会带来维持生活习惯和心理认同上的便利，同时经过适老化改造也可增进老年人生活的独立性。自 1970 年以来，德国各州陆续推进了既有住宅适老化改造计划，惠及大量偏好原居养老的老人，这也成为德国老年人最主要的养老方式。

德国对既有住宅适老化改造主要集中在多层住宅电梯设施的增建、室内外地面高差的消除、住宅内外环境的无障碍改造、卫生间及厨房的安全设施增设、智能通信系统的安装等方面。

为了支持适老化改造，德国的长期护理保险提供了部分资金支持，从而能够覆盖适老化改造的基础项目。德国的适老化改造服务十分便利，广泛分布的住房改造机构和样板展示使得相关项目的咨询服务和项目洽谈非常方便，通过精细化的设计，可以满足老年人的生活需要，无需巨大成本和环境改变，即可为老年人的生活带来实实在在的安全和便利。

1.3.5 法国

法国政府为优化老年居住环境提供了大量支持性政策和措施。这些政策和措施包括提供适老化改造的评估和指导，为无法改造的住户提供搬迁补助，鼓励开发老年公寓，根据老年人收入状况发放住房补助以及完善居民区医养照护服务供给等。1945 年，法国政府就创立了住房保护、改善、维护与改建服务机构（PACT），来为老年人提供全面住房保障指导；1970 年，法国政府又创立了国家住房条件改善机构（ANAH），通过提供财政资助服务和房屋改造评估服务为老年居住环境提供帮助。

为了评估专项补助申请者的生活依赖程度，确定受助老年人的受助等级，法国政府根据老年人的生理特征制定了一套评估基本准则，该标准于 2013 年 5 月 28 日做了重大修改，具体评估分级标准见表 1–1。

表 1–1　法国老年人生理特征评估分级（依赖程度评估）

分级	依赖程度
1	仍然具有自主生活能力
2	只需要定时的洗浴、如厕，准备饭菜和打理家务
3	无法独自完成各种移动的动作，但是在被搀扶下可以在自己家中走动，在洗浴、如厕和穿衣服时需要帮助；或者没有移动障碍但是需要身体护理帮助和饮食帮助
4	仍然具有自主思考的能力，具有一定的自主能力，但是需要每日一次或者多次的身体护理帮助
5	卧床或需轮椅等辅行，需照料以完成大部分活动，然而大脑机能未完全退化；或者大脑机能完全退化，但仍具行动能力
6	只能限制生活在床上或者轮椅上，大脑机能已经严重退化并且需要必要的和不间断的照看；或者是在生命的晚期

依据生理依赖性将老年人分为六级，根据实际状况可灵活申请调整。其中

分级 1 和分级 2 的人群仅可申请家务补助，而自理补助申请则面向分级 3 至 6 的人群。不同老年群体的分级审查、名额划拨由对应机构进行。其中，省级议会下属的社会医疗体系负责居家养老人群，合约医师负责机构养老人群。老年人可以根据自身身体状况变化随时申请复核健康分级和补助申领状况。

1.4 中国推广适老化改造的重要意义

适老化改造是指使生活环境和设施适合老年人的养老生活。适老化改造是解决老年人居家养老问题的重要手段，为中国当前和未来的城镇老年人口营造一种舒适、方便和安全的居住环境提供了综合解决方案，不仅造福于老年人，也对其家庭和整个社会具有重要意义。

1.4.1 老年人有需要

由于中国居家养老的文化传统，绝大多数老年人退休后愿意待在自己家里。居所现有的环境设置、物件摆放，以及在此间长期生活带来的行为习惯使得老年人对环境产生依赖性，因此即使现有条件对老年生活友好度不高，老年人依然希望停留在熟悉的环境当中。随着老年人年龄增长生理机能发生变化，使得原本适合的生活环境中一些安全隐患逐渐显现，稍有不慎便可能对老年人身体造成严重伤害，给老年人及家庭带来巨大的精神和物质负担。比如，地板太过光滑易造成跌倒，极易造成下肢或盆骨骨折，进而严重影响身体健康；老年人行动不便需要扶手或支撑物，以前的居住环境没有；老年人机能协调性、体力等变化，需要在起立时得到辅助；其他一些可被归咎于生活方式和家具设置造成的风险等。这些不友好因素使得原本熟悉的生活环境变得隐患重重，可能进一步损害老年人的身心健康，也加剧了老年人对外部支持的依赖。例如，老年人由于不慎跌倒变得生活不能自理，从而需要依赖他人的帮助，还需要更多的医疗手段和措施辅助，从而加重家庭和社会的负担。而通过对居住环境的合理改造可以大大缓解老年人的不适应性，能减轻甚至避免一些家庭和社会的负担。

1.4.2 政府有动力

在人口老龄化大背景下，中国政府一直致力于维护老年人的权益，推动社会化养老服务的发展。《中华人民共和国老年人权益保障法》自1996年8月29日发布（1996年10月1日实施）后，先后在2012年12月28日、2015年4月24日、2018年12月29日进行了修订完善。表1-2列举了1996年以来老年人权益维护和保障的部分相关文件法规，足见政府在推动解决老年人生活方面所做的努力。通过居家环境适老化改造提供老年自理支持，保障老年人和家庭的生活品质，对社会探索积极应对老龄化有重要意义。综上，政府存在很大动力来推动该项工作。

表1-2 近年来中国出台维护老年人权益的相关政策文件

时间	名称
1996年	《中华人民共和国老年人权益保障法》 司法部、民政部《关于保障老年人合法权益做好老年人法律援助工作的通知》
1997年	国务院《关于建立统一的企业职工基本养老保险制度的决定》 民政部《农村敬老院管理暂行办法》
1999年	文化部《关于加强老年文化工作的意见》
2000年	中共中央 国务院《关于加强老龄工作的决定》 财政部、国家税务总局《关于对老年服务机构有关税收政策问题的通知》 全国妇女联合会《关于加强老龄妇女工作的意见》
2001年	卫生部《关于加强老年卫生工作的意见》
2002年	共青团中央、全国老龄工作委员会办公室《关于实施“志愿者为老服务金晖行动”的意见》
2003年	全国老龄工作委员会办公室、司法部、公安部《关于加强维护老年人合法权益工作的意见》
2005年	民政部《关于支持社会力量兴办社会福利机构的意见》
2006年	《第十一个五年计划》 《中国老龄事业的发展》白皮书 民政部《农村五保供养工作条例》 民政部《关于农村五保供养服务机构建设的指导意见》

续表

时间	名　称
2006 年	全国老龄工作委员会办公室、发改委、教育部、民政部、劳动保障部、财政部、建设部、卫生部、人口计生委、税务总局《关于加快老年服务产业发展的意见》
2008 年	《国务院工作要点》 《吴邦国委员长在第十一届全国人民代表大会上的报告》 全国老龄工作委员会办公室、发改委、教育部、民政部、劳动保障部、财政部、建设部、卫生部、人口计生委、税务总局《关于推进居家养老服务工作的意见》 全国老龄委办公室《关于全面推进居家养老服务工作的意见》
2013 年	国务院《关于加快发展养老服务业的若干意见》
2016 年	中共中央 国务院《"健康中国 2030"规划纲要》
2017 年	工信部、民政部、卫计委《智慧健康养老产业发展行动计划（2017—2020 年）》 民政部、国家标准委《养老服务标准体系建设指南》
2018 年	国务院办公厅《关于促进"互联网+医疗健康"发展的意见》
2019 年	国家卫生健康委办公厅《关于开展"互联网+护理服务"试点工作的通知》 国务院办公厅《关于推进养老服务发展的意见》 国务院印发《关于实施健康中国行动的意见》 民政部《关于进一步扩大养老服务供给 促进养老服务消费的实施意见》 中共中央 国务院《国家积极应对人口老龄化中长期规划》
2020 年	国家卫生健康委办公厅《关于进一步推进"互联网+护理服务"试点工作的通知》
2021 年	中共中央 国务院《关于加强新时代老龄工作的意见》 国务院《"十四五"国家老龄事业发展和养老服务体系规划》
2022 年	党的二十大报告指出"推动实现全体老年人享有基本养老服务"
2023 年	中共中央办公厅、国务院办公厅《关于推进基本养老服务体系建设的意见》《国家基本养老服务清单》 国家住房和城乡建设部城市《城市居家适老化改造指导手册》

2021 年，我国公布的《第十四个五年规划和 2035 年远景目标纲要》明确提出了"健全基本养老服务体系，大力发展普惠型养老服务，支持家庭承担养老功能，构建居家社区机构相协调、医养康养相结合的养老服务体系；完善社区居家养老服务网络，整合利用存量资源发展社区嵌入式养老"的建设目标。推动适老化改造已经成为中国各级政府推动养老事业发展的重要抓手。

1.4.3 企业有市场

在适老化改造中，政府的推动是确立在老年人需求的基础之上，但最终的实施者需要依靠社会力量，需要大量企业的广泛参与。企业的目标是追求利润，需要通过利润来维持自身的生存与持续发展，因此只有让企业在市场中获得利润才能促进企业参与的积极性。根据《中国税务统计年鉴 2013》数据，中国房地产行业的利润率为 17.49%，建筑业利润率为 2.38%，家装行业居于二者之间，因此适老化改造项目存在利润空间。目前，大量企业对此存在一定市场预期，但尚需探索适合老年人需求的适老化改造商业模式，如何促进适老化改造市场的良性发展还是一个开放问题。

1.4.4 理论有支撑

为了积极应对人口老龄化，世界卫生组织一直倡导健康老龄化和积极老龄化理念。1987 年，健康老龄化概念在世界卫生组织大会上首次提出，1990 年在世界老龄大会上被作为应对人口老龄化的发展战略之一。2002 年，世界卫生组织在健康老龄化的基础上，组织 21 个国家的 29 名代表讨论撰写了《积极老龄化的政策框架》，将积极老龄化定义为“为提高老年人生活质量而最优化其健康、保障、参与等机会的过程”，其出发点为肯定老年人对社会的贡献，积极协调老年经济与大环境融合发展，向老年人提供充分的支持与照护。积极老龄化强调健康老年人仍是家庭、社区及经济发展的宝贵资源，应继续参与社会、经济、文化和公共事务。

健康对老年生活具有十分重要的意义。营造老年人健康友好型环境，鼓励并支持健康促进行为，使得老年人更少地暴露在慢性病和肌体功能下滑的风险当中，使他们在更长的时间内保持自理、享受自主的高质量生活，同时减少医疗和照护成本，对个体、家庭和社会均有极大好处。居家适老化改造恰恰迎合了老年人居家自理能力提高的需要，也正是积极老龄化要求人类在衰老的过程中通过主观努力提高老年人的健康水平的体现。

作为应对老龄化社会的重要措施，适老化改造在东西方发达国家已经是家庭非常普遍的选择。积极老龄化理论对于居家养老适老化改造具有指导意义。早在 1982 年，在维也纳召开的由联合国主持的老龄问题世界大会一致通过了《维也纳老龄问题国际行动计划》。该计划在人道主义层面上定性了满足老年人的特殊需求问题，在所列举的老年人的七项特殊需求中，“住宅和环境”排在第二位，足见住宅环境的现实需求和重要性。同时，该计划还强调“充分的居住条件和令人愉快的物资环境对于所有人的幸福生活都是必要的”，表明老年居住条件不仅对微观个体十分重要，在社会心理层面也有其意义。丹麦的《老年住宅法》提出“尽量延长在自己家中居住的时间”，并通过提供相关政策支持，以使老年人不必进入养老机构也能安享晚年；瑞典在其《社会服务法》中也规定，“应该尽量让老年人能独立生活，并努力让他们能与社会的其他人群一起参与具有积极意义的社会活动”，这一条款不仅为 1984 年提出的“终身住在自己家”的方针奠定了基础，同时也标志着住宅改造服务从此广泛展开。

1.5 实施适老化改造的机遇与挑战

1.5.1 实施适老化改造的必要性

让居家养老的老年人更安全、更舒适、更便利地生活，提高他们晚年的生活品质，是适老化改造的根本目的。随着老龄化社会特征的凸显，居家养老成为我国养老服务体系的基础，适老化逐渐成为养老领域的热词——要居家养老，家就必须适合老年人的养老需求。适老化改造对解决我国居家养老问题可以说是一种必然的选择，原因如下：

首先，老年人的生理特征的变化需要进行居家的适老化改造。老年人感觉系统（如视觉、听觉、触觉和嗅觉等）、骨骼运动系统、排泄系统、呼吸系统、神经系统等身体器官机能随着年龄增加在逐渐下降，这对于其居住的家庭环境和社区环境等提出了严格的要求和标准，如夜间道路、楼梯间等较暗处的照明度，社区主干道车辆分流，室外公共活动空间，康乐设施，道路高差的消除，社区内部标识等。居住在较高楼层的老年人，普遍认为应该为他们加装电梯并在社区增设休息座椅，提供室外健身场所。要对住宅出入口实施无障碍改造，对楼梯踏面与楼道地面进行防滑处理，安装信息传感装置和紧急呼救装置等适老化设施设备。

其次，老年人心理特征的变化以及角色的转化也需要适老化改造。从老年人的心理特征和生活习惯来看，老年人难以适应新的环境，不愿意离开熟悉的生活环境；告别工作岗位后，老年人对自身价值的肯定缺乏依凭，自信心受挫，滋生失落感；子女外出造成的家庭结构改变，减少了代际沟通，使得老年人易产生孤独感、忧郁感、空虚感。老年人居家养老，同时获取社会化养老服务，一方面有助于缓解老年人的孤独感和失落感，一方面也可保障居住安全。

最后，适老化改造也是推动居家养老方式的必然选择。区别于发达国家在丰厚的经济基础之上进入老龄化社会，我国是“未富先老”，经济发展不充分、不平衡，老年人口收入水平偏低。城镇住宅在设计上虽然不能满足老年群体需求，但结构质量尚好，因此，对现有居所进行适老化改造既符合一般家庭经济基础，亦是资源节约、环境友好的举措。面对“未富先老”的国情，政府可以通过引导，提供政策与资金支持，适时引入市场机制等手段盘活居家养老服务市场。老旧社区的适老化改造存在巨大的需求，为相关企业进入留下了广阔的市场空间。

1.5.2 适老化改造的现实问题与解决方案

在我国，“适老化”逐渐走进建筑行业、社会大众的视线之中，目的是为了让老年人居住的建筑真正成为他们安度晚年的港湾。面对当下的新形势、新任务、新需求，相关设计研发成果尚不能支撑适老化改造大面积、大体量推进，往往停留在开发商的新项目推介时的纸面亮点。当下的问题主要表现在：规划设计缺乏统筹；体系建设缺乏整体性、连续性；改造技术欠缺规范性、适应性；适老化形式单一、有效设施不足。这些问题是未来研究亟待解决的方向。

首先，适老化改造需要最先实现理念上的“改造”。受传统观念、居住习惯的影响以及经济条件的制约，依托现有住宅养老仍是中国大多数人口在今后很长一段时间内的首选。虽然城市中的居家养老服务体系逐步完善，服务项目日益健全，但是老年人居住的住宅及居住空间的适老化改造进展缓慢，其住宅本身及周围环境的无障碍化改造一直未能得到较大改善，诸如独居老人在家中如厕或沐浴时摔倒之类的新闻报道经常见诸各类媒体。老年人自有住宅的适老化改造应得到更多的重视，这是解决中国养老问题的基本环节。但调查表明，老年人自身、他们的家人以及社会大众并没有对此形成良好的认识，适老化改造需要首先从理念上对此有一个明确的认识，然后才能有所作为，迫切需要不断通过舆论宣传和政策引导使之深入人心。

其次，应将老年人住房保障系统纳入老年人居家养老服务体系。各国均将老年人住房保障纳入老年人居家养老服务体系。中国目前的老年居住保障系统基于一般住宅适老化改造，需与现行养老配套政策相衔接，联动老年人身体评估、住宅改造设计、财政补贴、助老券（餐）等具体政策，将老年居住保障系统纳入居家养老服务体系统筹考虑，同时整合居家养老、社区养老和机构养老。

再次，建立居家适老化改造的社会化运营措施。通过政策引导、财政资助等手段，积极推进居家住宅适老化改造的社会化运营，有效放大政策实施效果，撬动居家适老化改造产业的市场。

最后，非常重要的是，需要在具体实践中逐步丰富、规范居家养老的实操与案例。适老化改造的设计精髓是要充分考虑老年人的特点和需求，其基本的设计理念需要遵循无障碍设计、通用性设计和前瞻性设计原则。但长期以来并没有形成统一的规范，需求方和相关从业者按自己的思想进行实施，结果参差不齐，一些不良的设计和改造甚至会让老年人的生活承受更大的风险。2023 年 5 月，中国住房和城乡建设部城市建设司组织编制了《城市居家适老化改造指导手册》，针对城市老年人居家适老化改造需求，简洁地用图形和文字的方式，在通用性改造、入户空间、起居（室）厅、卧室、卫生间、厨房、阳台 7 个方面形成了 47 项改造要点，初步填补了标准的空白。在适老化改造实践中，社会上相关的需求方和从业者仍然需要一本适合中国当前情况的更加丰富规范优化的适老化改造的实操与案例，为具体设计与实施提供准确的建议与指导。

1.6 本章小结

本章作为一个引子，简单地介绍了适老化改造的背景与意义。

首先，介绍了中国人口老龄化的现状、特点及趋势。和世界上很多国家一样，中国已进入老龄化且老龄化程度有不断加深的趋势。未来的中国人口中，80 岁以上的老年人会占据 10%左右的份额，因为城镇化的进程，未来中国城镇将面临更加严峻的老龄化挑战。随着期望寿命的增长和老年人口数量的增加，中国未来处于不健康状态的老年人口数量和比例都会增加，大大增加了社会和家庭的养老负担。

其次，介绍了中国养老的模式与现状。目前，中国老年人的主要养老方式包括与家人共同居住、独居和机构养老三种方式，未来的养老模式也可概括为居家养老、社区养老和机构养老。在三种养老模式中，由于中国传统文化和观念的影响、老年人长期居家形成的生活习惯和情感偏好、社会经济条件和行业发展的限制，都使得居家养老会成为绝大多数老年人及其家庭的选择。

很多发达国家或地区早已进入人口老龄化，在居家养老环境设施方面有过长期摸索，形成了大量适老化住宅设计、建设经验和普适性设计标准值，特别是亚洲的一些先进国家和地区在普通住宅设计方案中充分考虑到了老年人的需求，很有特点，值得借鉴。本章第三节简单介绍了日本、新加坡、美国、德国在居家养老和适老化改造方面的一些做法和经验。

本章第四节和第五节结合中国的实际国情，讨论了推广适老化改造的重要意义，以及当前面临的机遇与挑战。在中国推广适老化改造是必要的，也是有意义的，简单地说是：老年人有需要，政府有动力，企业有市场，理论有支撑。当前，“适老化”已逐渐走进建筑行业、社会大众的视线之中。但面对当下的新形势、新任务、新需求，相关设计研发成果尚不能支撑适老化改造大面积、大体量推进，还存在规划设计缺乏统筹、体系建设缺乏整体性和连续性、改造技术欠缺规范性、适老化形式单一、有效设施不足等问题，迫切需要从理念上进行改造，将老年人住房保障系统纳入老年人居家养老服务体系，并最终建立居家适老化改造的社会化运营措施，适老化改造的标准以及实操案例也会发挥非常积极的作用。

第2章 适老化改造的相关概念与理论

适老化改造的出发点是以人为本的理念，改造的目的是为了使老年人的居住环境和生活质量更高，具体实施应该遵从这一基本的主导思想。适老化设计服务于老年人，应当贴合居家老年人的日常生活。改造过程要秉持“以人为本”的思想，把握安全、适用、舒适以及经济的原则。本章从老年人的基本特征与需求入手，介绍适老化改造的基本概念、主要内容和相关原则。

2.1 老年人的基本特征与需求

老年期的生理机能、健康状况变化是决定其居家生活需求的关键因素，因此居家适老化改造应该营造出匹配这种需求的环境，在安全和便利程度上有所改善，支持老年人自理生活。同时，改造的经济性、美观性也不可忽视。适老化改造要做到安全上可靠、需求上贴近、支出上经济，同时还要美观而有品质。

2.1.1 老年人生理特点

衰老是人类机体和功能上全面而连续下降的过程，表现为人体结构和功能适应性的减弱。如表2-1所示，老年人身体机能会发生一些变化。

老年人的生理特征以及机能变化主要表现在以下方面：

一是体表外形改变。随着年龄的增加和身体机能的下降，老年人体表毛发发白、脱落；皮下脂肪减少，结缔组织弹性降低，皮肤松弛、变薄；牙龈萎缩，

表 2-1 老年后身体机能变化特征

机能变化		表现特征
感知系统	视觉衰退	近距离视物模糊，眼部疾病的发病率逐渐增加，视觉疾病严重者还会导致夜盲或者失明
	听觉衰退	重度耳震、言语识别率分辨困难等，伴随有眩晕、嗜睡、耳鸣和脾气偏执等表现
	触觉衰退	对冷热变得不敏感，被灼伤、刮伤时不能及时察觉
	味觉衰退	吃东西没有什么味道，影响食欲，进而影响老年人的身体健康
	嗅觉衰退	对空气中的异味或者有害气体不敏感，严重的会造成煤气中毒等危险发生
神经系统	记忆力衰退	健忘，对近期发生的事情记忆力较差，常常忘记物品的存放位置，或者忘记正在烧水做饭，并可能由此引发各种事故
	认知能力下降	把熟悉的东西搞错，适应新环境的能力较弱
	反应能力下降	对事物反应迟钝
运动系统	肢体灵活度降低	行动反应速度变慢，在生活中常常出现动作迟缓，做弯腰、下胯、抬腿和手臂伸展等常规动作时会遇到一定的困难
	肌肉能力下降	肌肉力量下降、耐力降低、易疲劳，因此在从事重体力劳动、长时间运动、上下楼梯、拿取重物等活动时均会出现困难
	骨骼韧性下降	骨骼变脆，容易骨折，弹性和韧性降低，易患上骨质增生和骨质疏松等疾病，不能剧烈运动和负重，出现驼背现象
免疫系统	抵抗能力下降	健康状况易受环境影响，对于气温、湿度等气候变化的抵抗能力下降，抵御流感等传染病的能力下降，是流行疾病的高感染人群，环境的适应能力减弱
	恢复能力下降	碰伤、划伤后伤口愈合慢，患病后恢复时间长

牙齿松动；骨骼肌萎缩，骨骼钙质流失或骨质增生；关节灵活度下降；身高、体重发生明显变化。

二是器官功能下降。伴随年龄的增加，老年人各项脏器功能在老年期都有不同程度的衰减。如视力和听力下降，心脏搏出量减少 40%~50%，肺活量减少 50%~60%，肾脏清除功能降低 40%~50%，脑组织萎缩，胃酸分泌量下降等。器官机能下降导致肌体协调适应能力下降，多见慢性退行性疾病。

三是机体调节控制作用降低。随着年龄增加，老年人的机体调控功能如动作能力、学习速度、反应速度、记忆力、认知能力等方面下降，伴随免疫功能减弱导致的感染性疾病及癌症的易于发生，从而使得机体调控能力减弱，最终表现为生活自理能力下降。

四是老年人感知功能退化。感知功能包括视觉、听觉、味觉、嗅觉和触觉。根据相关统计，仅有约半数（51.4%）70 岁以上的健康老年人拥有超过 0.6 的视力。老年人的高音听力衰退得厉害，更喜欢听中音和低音音乐。随着年龄的增长，老年人的味觉消退较嗅觉更为显著，同时老年人对咸味的感受退化得厉害，因此，生活中我们常常听到老年人对食物寡淡的抱怨。大多数老年人眼角与鼻部的触觉相较其他部位变得更不敏感，因此流泪、流涕常常不易被感知。在温度觉方面，对低温的感觉变得迟钝，因此有些老年人在室温降低时往往也不觉得冷。

五是老年人的记忆发生变化。老年人对年轻时的记忆最为清晰，对中年之事也尚可；对进入老年后发生的事遗忘较快，经常记忆事实混乱，甚至张冠李戴。

六是人到老年期的体型发生明显变化。如图 2-1 所示，一般来说，驼背、个子变矮是老年期极易发生的现象，且年轻时身高越高，年老后身高的下降程度越大。超过 80 岁老年人的身高较年轻时，通常会下降 10~15 cm。根据日本对其老年人的统计显示，以 60 岁为基准，男性老年人在 65 岁和 75 岁时，身高分别减少 1.5 cm 和 3.5 cm。

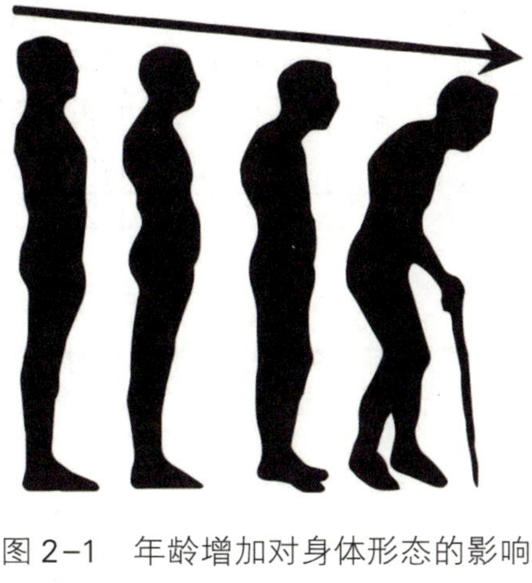

图 2-1　年龄增加对身体形态的影响

根据中国建筑标准设计研究院等单位主编的《老年人居住建筑》①，中国老年人分性别体型特征如图 2-2 和图 2-3 所示。

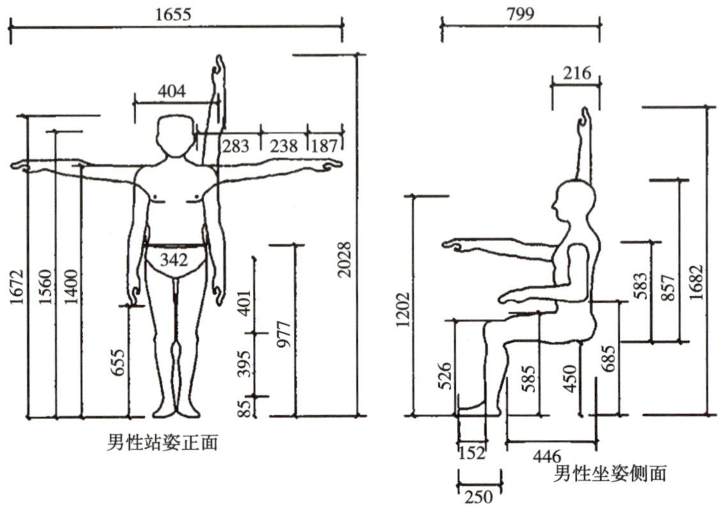

图 2-2　中国男性老年人体模型的基本尺寸（单位：mm）

资料来源：《老年人居住建筑》。

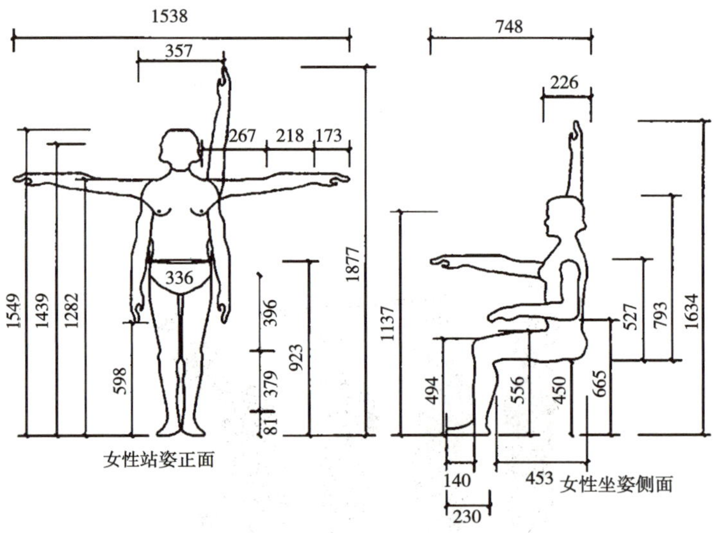

图 2-3　中国女性老年人体模型的基本尺寸（单位：mm）

资料来源：《老年人居住建筑》。

---

① 中国建筑标准设计研究院. 人居住建筑［M］. 北京：中国计划出版社，2016.

人体工程学揭示了人在进行各种行为时所需的空间尺度。在居家适老化设计中可以参考这些尺寸，从而使得居家环境更贴合老年人生理需求和生活习惯，以防范各类风险发生。

相对于能够站立生活的老年人而言，行为活动中需要依靠轮椅的老年人，其各方面的运动机能更为退化，生活的空间尺度发生显著变化。图 2-4 分别显示了老年男性和女性轮椅使用者正面、侧面和侧面活动尺寸所需要的空间。

对比老年男性和老年女性轮椅使用者的各类尺寸发现其存在一定差距，如：上举高度、视平线高度和头部高度分别相差 48 mm、65 mm、64 mm，其他动作也存在一定高度差。这就要求居家适老化改造应根据被改造家庭老年人的具体尺寸，在必要的时候需要综合兼顾男性、女性老年人的高度差改造设计。

根据以上活动空间尺度信息，总体而言，老年人身高下降、四肢活动范围缩小，尤其是上举高度下降，再加上使用轮椅带来的活动空间的显著变化，以及男性老年人和女性老年人的不同空间要求，他们的肢体活动产生客观变化，需要进行适老化改造的设计，以适应这种生理变化。同时，适老化改造应适当早做规划，尽量在老年人自理能力衰退前进行，以避免高龄或自理能力不足阶段造成有需求无能力实施的“心有余而力不足”的尴尬局面。

2.1.2 老年人心理特征

以上我们分析了老年人的生理特征以及变化，接下来我们分析老年人的心理特征以及情绪和情感的变化情况。老年人的心理特征的变化主要表现在以下五方面。

一是认知能力变得低下。老年人大脑功能减弱，神经递质的合成与代谢缓慢，表现为感觉迟钝、意识减弱、反应迟缓、注意力不集中等。首先是感官功能减退，听觉、视觉、嗅觉、皮肤感觉等的灵敏程度均有不同程度的下降；其次是动作灵活性差，动作不灵活，协调性差，反应迟缓，行动笨拙。

二是孤独和依赖感增强。老年人对新环境的适应性下降，缺乏进行思想或情感交流的能力或条件，这些因素使得孤独感易于产生；忧郁心理常常相伴而生，长期忧郁的不良后果包括焦虑、抑郁甚至产生器质性病变。依赖心理源于

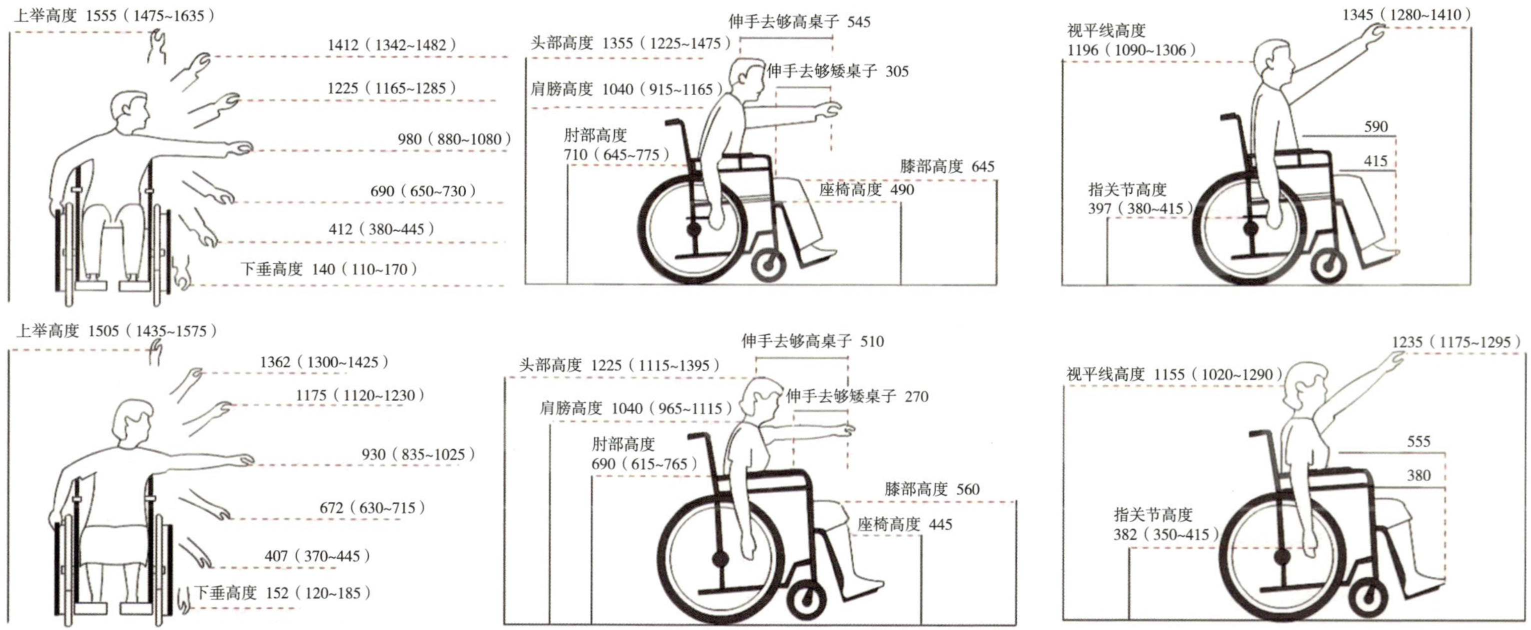

图 2-4　老年男性（上）/女性（下）轮椅使用者正面、侧面和侧面活动尺寸（单位：mm）

资料来源：《人体工程学》①。

① 章曲，谷林.人体工程学[M].北京：北京理工大学出版社，2009.

老年人自信心下降，对决定和行动产生被动顺从的态度；长期依赖的不良后果包括情感脆弱、情绪不稳定、感觉退化等。

三是易怒且恐惧感增加。老年人易于激怒，一者是对当下之事，二者是对以往积累压抑的情绪。发怒之后又会产生懊悔心理，认为自己变得心胸狭隘、易于动怒，进一步产生自我否定的负面情绪。同时，老年人也容易恐惧，有害怕之感，易受惊；严重时还会影响到生理功能，如出现血压升高、呼吸加快、心悸、尿频、厌食等症状。

四是易于抑郁和焦虑。抑郁情绪在老年人中十分常见，常常表现为压抑、沮丧、悲观、厌世等，其物质基础为老年人脑内生物胺代谢的改变。焦虑心理的长期存在会使得老年人性格表现发生变化，显得狭隘、吝啬、固执、焦躁，久而久之甚至会使得内分泌失调、产生疾病等。

五是睡眠障碍。老年人由于大脑皮质兴奋和抑制能力低下，造成睡眠减少、睡眠浅、多梦、早醒等睡眠障碍。

由于心理特征的变化，老年人的情绪和情感也存在较大变化，主要表现在三方面：一是过于关注健康状况和潜在的疾病。如大量存在的自我怀疑患病、失眠老年群体，其中女性较男性尤为突出；二是倾向控制自己的情绪表现和情感流露，常会掩饰自己的真实情感。如遇喜事，他们不再欢呼雀跃，如遇悲事，也不易痛哭流涕；三是消极悲观的负面情绪逐渐占上风。

2.1.3 老年人的生活习惯

在城镇居住的老年人习惯于自己的居住环境，并形成了非常有规律的生活习惯。调研显示，日常生活中，老年人与其他人互动最多的前三位分别是老伴（69.4%）、同一小区居民（44.3%）和子女（38.7%）。

老年人最为偏好的户外活动场所依次为室外空地（67.1%）、家附近的超市或商场（63.2%），周边的公园（55.7%）。此外，他们去小区或社区的老年活动室、市民广场的比例，分别占了28.5%和18.7%。

在个人兴趣爱好方面，最受欢迎的三项老年人活动分别为散步（70.2%）、听广播或看电视（54.8%）以及聊天（51.3%）；其他爱好包括：逛街和逛公园

(42.4%)、看书读报（35.1%）、种花和养宠物（28.7%）以及唱歌（27.9%）等。此外，对于其他诸如旅游、跳舞、棋牌麻将等各类活动，老年人均有一定的兴趣。总体而言，老年人的兴趣爱好十分多样，同时对具备传统、通俗特征的活动更为偏好。

2.1.4 老年人的服务需求

一般而言，人的需求可分为物质需求和精神需求两大类。而老年人随年龄增长普遍出现了生理活动能力和健康水平的下降，会对医疗卫生和护理服务形成强烈的需求。所以，老年人的服务需求，主要包括物质生活服务需求、健康生活服务需求和精神生活服务需求三类。

物质生活服务需求，一般涵盖衣、食、住、行四个大类。此外，考虑到财务供给具有的特殊价值，需要将财务供给也归结为物质生活服务需求的一个基本类别。因此，物质生活服务需求扩展至衣、食、住、行、财务五个大类。衣，即老年人穿戴的物品，既包括专门为老年人设计的服装，也包括诸如纸尿布、可穿戴设备等不同层次的产品。食，即为老年人提供的营养膳食，既包括适宜老年人的食品，也包括老年人用餐，还包括用于均衡老年人营养的特殊产品。住，即适宜老年人的居住环境，包括三个不同层次：一是适宜老年人的居家环境，这涉及老年人家庭内部的适老化改造；二是适宜老年人的社区环境，涉及到住宅小区的道路无障碍化、电梯安装等适老化改造；三是适宜老年人的城市环境，这涉及整个城市规划中对于老年人居住生活的统筹考虑，包括无障碍设施、老年文体活动场所设置等诸多方面。行，即适宜老年人的出行设施和安排，具体产品包括行走辅助装置、老年交通工具、老年出行陪护服务等。财务方面，包括老年理财等产品的开发。

健康生活服务需求，可分为医疗卫生服务和护理服务两大类。这两类服务需求内部又因所需专业知识不同分为不同的层次。实践中，医疗卫生服务包括基础体检和专业性更高的疾病管理、康复理疗等内容。在所提供的产品中，既包括增进老年人健康水平的各类营养产品，也包括提升老年人活动能力的辅助医疗设备；在所提供的服务中，既包括诊断、治疗等疾病发生时的初期服务，也包括后期康复阶段所需要的医疗护理、康复服务，还包括针对老年人所患疾病进行的日常健康管理服务。区别于医疗卫生服务需求，护理服务的需求来自于老年人活动能力下降，因而需要他人帮助完成日常生活。这方面的服务，既包括做饭、打扫卫生、洗衣等家政服务，也包括协助老年人完成自身活动（如洗澡）等内容。同时，随着社会环境变化，这方面的服务还拓展至外出购物等多项内容。

精神生活服务需求，指的是为满足老年人精神需求、提升老年人精神愉悦感或解决老年人所患精神疾病所需的服务。这也包括不同层次。一方面，那些旨在克服老年人孤独感、增加其精神愉悦感的活动，包括个人陪聊、组织集体文体活动、开发适宜老年人的旅游产品等内容，分别是在不同的层面使老年人实现“老有所乐”的具体服务内容。另一方面，针对老年人所患的各类精神疾病，则需要专业医护人员提供治疗服务。精神疾病的来源较为广泛：微观的遗传性原因、中观的个人家庭和邻里环境、宏观的社会环境剧烈变迁带来的不适性。不同的病理原因需要不同的治疗方式，有些可以依靠专业的精神医疗机构，有些则需要专业医疗机构同家庭护理、社区环境改善等多种手段相结合。

2.2 跌倒是老年人的健康杀手

跌倒是老年人居家养老最常见的问题（如图 2-5），预防跌倒以及尽量减轻跌倒的危害是保护老年人健康的重要内容。

图 2-5 老人跌倒容易引发骨折和其他损害

2.2.1 老年人跌倒的现状与危害

老年人跌倒不是单纯的意外事件，而是肌体功能下降、存在某些健康问题的反映；即使是平素健康的老年人，在衰老过程中也不可能杜绝跌倒风险。由于年龄增长、骨脆性增加，骨折成为老年人跌倒的重要副产物，其发生率随增龄而剧增。此外，跌倒的后果不仅包括生理损害，也会对老年人造成心理伤害。

根据世界卫生组织报告，全球有 39. 1 万人死于跌倒。2008 年美国疾控中心的数据显示，每 18 秒就有一个老年人因为跌倒而进入急救室。在发达国家，65 岁以上的老年人每年有 28%~35%发生过跌倒，这个数字随年龄的增长而逐步上升。在我国，65 岁以上的社区老年居民中，21%~23%的男性有跌倒史，女性为 43%~44%。据推算，每年我国 60 岁以上的老年人因跌倒发生伤害的人数达到 2500 万，相关的直接医疗费用超过 50 亿元。

据北京相关部门调查，北京 60~64 岁、65~69 岁、70~74 岁、75~79 岁、80~84 岁、85~95 岁年龄组在 12 个月中发生跌倒的比例（跌倒发生率）分别为 14. 5%、15. 4%、19. 5%、20. 2%、23. 1%和 28. 6%，跌倒发生率随年龄的增长而增加。其中，8. 7%的老年人因跌倒致伤，1. 3%致骨折，5. 5%致软组织损伤，35. 7%因跌倒致日常活动减少，58. 8%患跌倒恐惧（如图 2–6）。

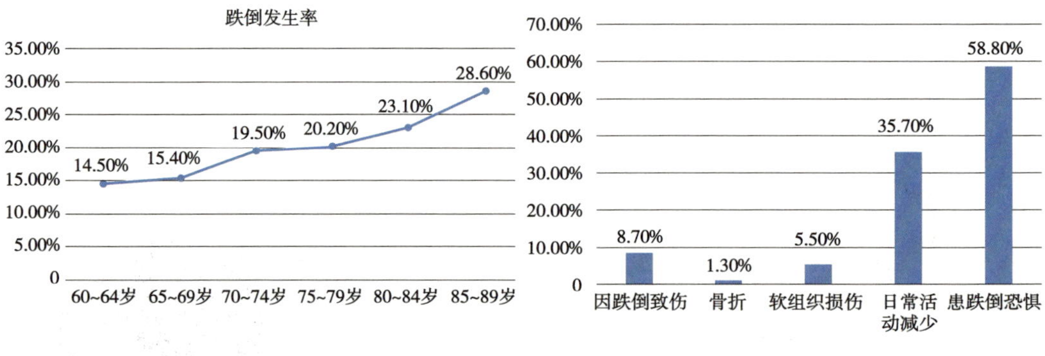

图 2–6 老年人跌倒发生率及跌倒对身心的损伤

老年人跌倒的危害包括以下方面：

（1）躯体器质性伤害

跌倒所致的常见伤害有：躯体严重器质性损伤、重度软组织损伤及骨折等，包括关节积血、脱位、扭伤及血肿；骨折主要是髋部、肱骨外科颈及桡骨远端的骨折，还有脊柱的压缩性骨折等。最严重的损伤是髋部骨折，骨折后3个月的病死率为20%。

（2）功能减退

俗话说，伤筋动骨一百天。老年人跌倒后通常卧床或者伤残肢体制动很长一段时间，会因为废用等因素导致肌肉萎缩、骨质疏松，甚至关节挛缩等，将严重影响肢体功能；即使养好了伤，肌体功能的衰退也加剧了，降低了恢复后老人的活动能力，甚至导致过早死亡。

（3）心理障碍

跌倒给老年人带来极大的心灵创伤。对再次跌倒产生恐惧心理的老年人占半数，其中又有半数为此而避免活动；长期缺乏基本的活动和锻炼，肌体的衰弱加剧。藉由心理障碍而形成的恶性循环是跌倒的长期负面影响。

（4）继发损害

休养期间长期卧床、清洁不便易引发褥疮、肺炎、感染等继发损害。老年人跌倒总病死率比无跌倒高5倍。高龄老人跌倒死因率（147/10万）更要高于低龄老人（1.5/10万）。

（5）经济负担

据报告，在我国老年人中每年发生的覆盖人数超过两千万人的两千五百万次跌倒，产生的医疗费用超过五十亿元，社会成本超过一百六十亿。随着老龄化发展，这个数字将大幅攀升。北京城区调查显示，老年跌倒发生率为18%，平均每次医疗花费209元。

2.2.2 哪些老年人容易发生跌倒

根据相关调查，以下几类老年人容易发生跌倒：

（1）有一定活动能力的残疾老年人

相比有一定活动能力的残疾老年人，残疾较重、活动能力严重受损者的跌倒发生率反而低得多。因为残疾较重者活动受限而独立活动相对减少，所以跌倒发生的概率自然就降低了。

（2）活动时比较急躁的老年人

大多数跌倒发生在惯常进行、危险较低的日常活动中，如站立、行走等。从事日常生活活动时，由于驾轻就熟，完成时往往凭借惯性思维，较少注意过程中的细节改变，而这些细节上的变化往往是跌倒的罪魁祸首。

（3）看护不周的老年人

适当的看护能有效降低跌倒的发生。除了直接的帮助及意外发生后及时的救助之外，老年人在看护下活动更具信心，可有效避免因担心、恐惧、慌乱等心理因素导致的跌倒。

（4）患有某些疾病的老年人

脑血管疾病、帕金森病、小脑综合征、神经疾病、肌病、骨关节炎、神经性昏厥、心脏病、低血压、败血症、肿瘤、代谢紊乱、痴呆或精神病等，均易导致跌倒的发生。

（5）居所无适老化改造或改造不足的老年人

让居住环境充分贴合老年人的需求可以大大降低跌倒的风险。室内高差的消除和平缓会避免老年人行走时被绊倒；楼道、卫生间加装足量的扶手可以为老年人提供行走和起坐的支撑；报警装置的设置会让老年人发生跌倒后也能及时获得援助，减少后续进一步损害的发生。

2.3 中国老年人的基本养老模式

养老模式可理解为养老保障的方式，我国当下的基本养老模式包括居家养老、机构养老和社区养老。居家养老是传统的养老模式，依托养老院等机构养老是社会化的养老模式，社区养老是居家养老与机构养老有机结合的一种新兴养老模式。这三种基本养老模式不尽相同，也存在着各自的优劣，适合不同的老年人。与老龄化进程同步发展的，是中国城市化的持续推进和产业布局的持续调整。在这样的大背景下，基本养老模式也逐渐从跟随子女的家庭养老转向依托社区和社会服务的居家养老模式演变。

本节首先引入养老模式的基本概念，然后对居家养老、社区养老和机构养老模式的特征进行介绍。

2.3.1 居家养老

居家养老是我国沿袭几千年的传统养老模式，现今仍极具生命力，并在养老模式中占有相当高的比例，在广大农村地区尤其如此。从传统伦理和道德文化观念上来看，家庭养老承载着独特的伦理功能，顺应中华传统文化和道德要求。从经济角度来看，居家养老的成本几乎不需要社会承担，社会投入最低。然而，当前家庭养老存在着照护服务不够细致、专业，医疗健康管理需求难以及时满足的问题。同时，随着工业化、城市化和现代化的不断发展带来的家庭结构变迁及人口结构的老龄化不断冲击着家庭养老这一传统模式。

在居家养老模式中，政府、社会以及家庭是居家养老的服务方，居家养老模式主要是从服务方的角度来理解的。2015 年 1 月通过的《北京市居家养老服务条例》，对于居家养老服务，曾给出如下定义："居家养老服务，是指以家庭为基础，在政府主导下，以城乡社区为依托，以社会保障制度为支撑，由政府提供基本公共服务，企业、社会组织提供专业化服务，基层群众性自治组织和志愿者提供公益互助服务，满足居住在家老年人社会化服务需求的养老服务模式。"

这一定义的内涵包括三点。第一，满足居家老年人社会化服务需求是居家养老服务的目的与核心。第二，居家养老服务的基础是政府主导、并通过依托城乡社区基层组织和依凭社会保障制度来实现。第三，居家养老服务有三个层次的内容，其中基本公共服务由政府提供，专业化服务由企业和社会组织提供，公益互助服务由基础群众性自治组织和志愿者提供。需要明确的是，这些服务的范围随经济、社会、文化环境的变迁不断发生变化，同时因不同家庭的具体情况而有所不同。例如，对于与子女共同居住且子女能够提供一日三餐保障的老年人，就餐就不是一项社会化服务需求；但对于独居且自身行动不便无法独自做饭的老年人，只能通过到餐厅吃饭或订餐方式解决用餐问题，对于这些老年人而言，就餐成为一项必不可少的社会化服务需求。因此，在实际工作中，养老服务提供的主体需要密切跟进宏观环境变化，动态性地跟踪老年人微观需求，有针对性地不断调整服务内容。

为便于实际工作的展开，在《北京市居家养老服务条例》中，从八个大类界定了居家养老服务的范围，如图 2-7 所示。这些范围包括：

①为独居老年人提供社区老年餐桌、定点餐饮、自助型餐饮配送以及开放单位食堂等用餐服务；

②为老年人提供体检、医疗、护理、康复等医疗卫生服务；

③为失能老年人提供家庭护理服务；

④为失能、高龄、独居老年人提供紧急救援服务；

⑤利用社区托老所等设施为老年人提供日间照料服务；

⑥为老年人提供家庭保洁、助浴、辅助出行等家政服务；

⑦为独居、高龄老年人提供关怀访视、生活陪伴、心理咨询、不良情绪干预等精神慰藉服务；

⑧开展有益于老年人身心健康的文化娱乐、体育活动。

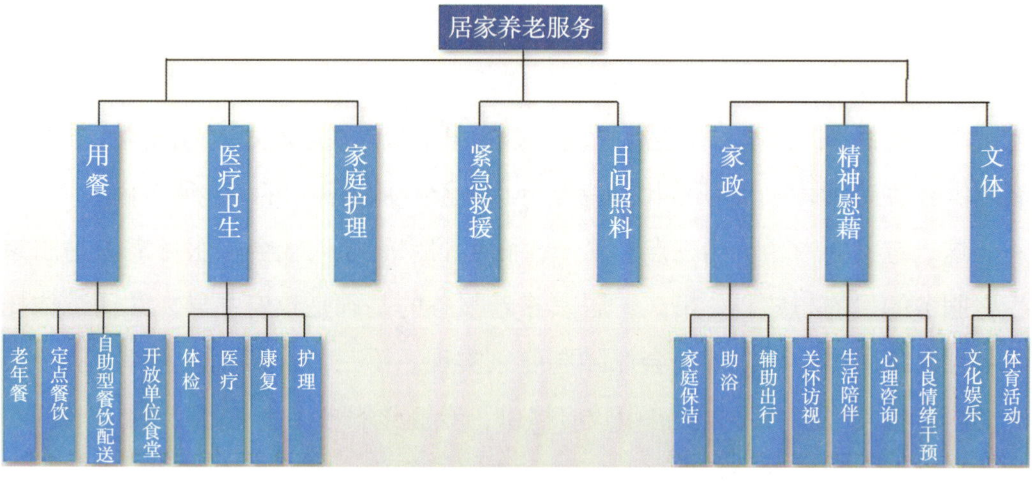

图 2-7 《北京市居家养老服务条例》界定的居家养老服务范畴

由此可见，《北京市居家养老服务条例》所界定的居家养老服务，内容广泛、指引清晰。需要注意的是，并不存在一个通用的养老服务发展模式。有些领域（如餐饮、家政），已在相关的养老服务政策之下重点推进了多年，并形成了良好的工作基础。当前的发展重点是对既有养老服务内容进行完善；而有些领域（如医疗卫生、紧急救援），起步较晚，当前的发展重点是努力探索有效模式，不断改进相关服务内容；还有些领域（如文体活动），既定模式随经济社会环境变化出现了不适应，当前的发展重点是顺势调整，探索新形式。总而言之，居家养老的服务内容，既是一个动态、不断调整的范畴，也是一个灵活多样、不断丰富的领域。只有深刻把握居家养老服务的这一特征，社会相关组织和企业才能在产品和服务模式上持续突破，不断发展。

上述条例所确定的八类内容，给出了一种居家养老服务产业链的界定方式。在实际操作中，这些服务往往交织在一起。因此，从实践出发，根据需求种类也可进行居家养老服务产业链的界定。

2.3.2 机构养老

机构养老是目前中国老年人养老的另外一种较为常见的模式。机构养老是指依托为老年人提供饮食起居、清洁卫生、生活护理、健康管理和文体娱乐活动等综合性服务机构而运行的养老模式。养老机构的性质可以多样化，既可以是独立的法人机构，也可附属于某一部门，如作为医疗机构、企业、事业单位、社会组织、福利机构等的分支机构。当前，我国养老机构从投资主体来看，主要分为公建公营、公建民营、民建民营三类。下面我们以民建民营为例，来介绍和分析我国机构养老的现状。

首先，我国机构养老的主要类型包括了医护型养老机构和老年公寓。

通常医护型养老机构要求运营方有医疗背景或能整合医疗资源及运营物业面积 500 m^2 左右，并拥有二甲（含）以上医院可定位为该类型。机构内存在医护团队，能够为居住者提供其所需的医疗护理，包括基础护理、专科护理，并遵医嘱对其提供辅助治疗、护理，包括支持治疗、姑息治疗、安宁护理、卫生护理、康复保健、营养管理、心理支持、健康宣教等。该类型刚性需求大，投资回报率较高且稳定，但存在护理员难招难留以及易发生医疗纠纷等风险。

老年公寓是指专为老年人居住而设计的公寓，这类公寓专门为老年住户提供物业管理和其他服务，包括餐饮、卫生、文娱、护理保健等。老年公寓属于机构养老的范畴，大幅依赖社会提供的养老服务，同时兼具居家养老的特征。

其次，机构养老提供的主要服务内容包括：

①生活照料，即提供照护服务，如餐饮、卫生等，关键点为老之所养。

②医护照料，即提供医疗健康管理服务，如健康状态评估、常规体检、心理咨询、辅助医疗、慢病管理和康复等，关键点为老之所医。

③休闲文娱服务，即为各类兴趣爱好提供基础设施，如球馆、棋牌室、图书室、影音室、手工室等；协助兴趣团体的组建，如球队、读书交流会、工艺美术小组、合唱团、广场舞队等；关键点为老之所学、老之所乐。具备条件的，可以开辟创作空间，使有突出技艺的老年人可以更充分地发挥特长、进行自我实现、产生外向的影响力，此关键点为老之所为。

最后，机构养老的主要优点包括：

①老年人集中居住，便于管理和服务。

②具有集中优势，利于探索开发多样化养老附加产品，创新盈利模式。如组织机构内旅游团、营养保健服务推介、老年介护产品营销等。

③良好的服务带来良好的口碑，进一步提高入住率，形成正向反馈。

④加快养老服务团队成长、推动服务体系标准化进程。

存在的问题包括：

①物业投资问题。若自建物业，则初期固定投入大且回收时间长；若租赁物业，则租金压力和租期不确定性等因素也往往存在。

②政策措施落实不到位。一方面，缺乏相关政策法规以促进养老业发展；另一方面，已有的优惠措施落实不到位。民办养老服务机构仍面临着许多困难和制约，如获取土地划拨等。这在一定程度上不利于促进社会资本投入机构养老赛道。

③法律制度不健全。当下法律法规尚未对养老机构内发生的或经营过程中相关的老年人发病、受伤、死亡等情况作出详细规范，经营方和入住方尚未能妥善处理相关纠纷。

④医养结合难。“医”归属卫健委管理，而“养”归属民政部门管理，政出多头，管理主体不明确。同时，大部分民办机构存在着规模不大、设施不完备的局限，机构内不支持医保结算，不具备医养结合的软硬件基础。多重因素之下，机构入住率难以保证，经营困难重重。

2.3.3 社区养老

社区养老是指依托社区搭建支持居家养老的社会化服务体系，如建立一个社区居家养老服务中心，为居家老人提供所需一切服务。和传统的家庭养老不同，社区养老服务由居家养老服务中心所提供，而不是由家庭成员提供。

社区养老服务的内容包括：

①提供“五助”服务。助餐（向老年人提供餐饮服务）、助洁（室内卫生保洁、个人卫生助洁等）、助行（为老年人提供代购、代交水电煤气费等）、助医（为老年人送医送药上门、送往医院诊疗）以及助急。

②提供日托及全托服务。日托服务中，社区养老服务仅支持白天提供，夜晚老年人居家休息；全托服务中，老年人完全生活于养老服务中心。

③提供文体娱乐服务。提供兴趣爱好基础设施和空间，同时协助老年兴趣团体组织和日常活动开展。

④提供法律咨询服务。

⑤提供心理咨询等精神慰藉服务。

社区养老服务的优点包括：

①符合政府养老产业政策导向。当下，政府鼓励各种形态的资本进入养老服务领域，并提供一定的资金支持，如餐补、水补等。

②传统观念之下，老年人普遍抱有“养老不离家”的思想；加之“未富先老”的现状之下，老年人退休收入普遍不高；绝大多数中国老年人及其家庭偏好居家养老模式。

③初期投资小、后续运作现金流压力小，对注资承办主体要求相对较低。

④养老服务中心在运行中实际上起到了养老体系末梢的分布式小微机构的作用，一方面构成了养老体系的“最后一公里”，另一方面也锻炼了社区养老服务团队，涵养人力资源。

社区养老服务的缺点包括：

①投资回报率较低，通常呈收支平衡或微利状态。

②服务受众广而层次多，从而对服务质量及针对性要求较高，正所谓“众口难调”。

③单体居家养老服务中心发展前景受限，连锁化经营更佳。

2.4 老年人的居住环境需求

2.4.1 安全性需求

老年人居家环境的安全涉及方方面面，主要包括：跌倒引起病痛甚至死亡、在家遇险无法报警、材料环保难以甄别、如厕洗浴危险不便、照明不佳、电线老化、家里堆满太多物品、家具不适合老年人、污染的空气和自来水、缺少绿色花草植物等。

（1）跌倒是我国老年人伤害死亡的首位原因

来自中国疾病监测系统的数据显示，跌倒已经成为我国 65 岁以上老年人因伤致死的首位原因。老年人肌体和认识功能的衰退使得跌倒成为常见危险因素。六七十岁的老年人，常常伴有腿部肌肉萎缩、钙质流失、大脑认知功能和平衡能力下降、心血管意外及关节老化等问题，这些都是他们跌倒的因素。

（2）老年人在家遇险报警求救障碍

当下，独居老年人或老年夫妻家庭数量较多。2021 年贝壳研究院发布的《2021 社区居家养老现状与未来趋势报告》表明老年人与子女同住比例逐渐下降，65.5%的老年人独立居住（一个人居住或与配偶同住），即使在 80 岁及以上高龄群体中，独立居住占比仍高达 48%。当意外发生时，因求救不及时、施救不及时而酿成悲剧的事件时有发生。

（3）半数以上老旧社区需要安全性改造

中国有大量存在安全隐患需要改造的老旧社区，而中国城镇老年人大多数都住居在这些社区中。这些社区普遍存在着以下安全问题：社区环境缺少无障碍设施，基础设施老化且没有考虑老年人的需求，不利于老年人的出行；室内存在电路老化、门窗墙面保温性能弱、居室内地面高度不一致、照明系统不完备、几乎没有防跌倒设施以及缺乏紧急呼叫系统等问题。

2.4.2 便捷性需求

便捷性设计是适老化设计中第二个重点。进入老年期后，人体运动机能退行，导致老年人的活动范围缩小，灵活性减弱。把日常所需用品放在触手可及的地方让老年人能够十分便捷地拿到，就显得格外重要。例如尽量将物品储存空间设置在老年人抬手至垂手范围间，避免其发生踮脚、弯腰等易发生危险的行为。

除此之外，可以通过铺设智能化产品及无障碍设施为老年人居住环境增添便捷性。例如，可在入户处设置门灯以保证视物清楚，以及安装置物板方便开门时放置手中杂物等。

2.4.3 舒适性需求

与年轻人相比，老年人在家中活动的时间有所增加，因此为老年人提供一个舒适的居住环境就显得格外重要。

客厅是老人活动时间最长的区域，会客、看电视等活动均在此地，其舒适性也就不可忽视。客厅空间布局应为轮椅等辅助装置留足回转空间，不过密摆放家具，保持流线通畅；老年活动空间应布置在自然光充足的地方，如靠近窗台、阳台处；居室照明体系设计应提高照度，同时要做防眩光处理。

居住环境不仅包括空间布局以及家具的摆放，还包括日照、通风等物理环境。老年人普遍对阳光有直接的需求，因此需尽量将老年人居室布置在南侧，这样冬天能获得充足的阳光，最好让光线能直接照射到床上。但同时也要注意夏季日照、强穿堂风以及噪声等影响。

2.5 适老性不足问题与适老化改造应对

中国城镇住宅发展的历史阶段可以大致分为三个：计划经济时期的福利分房阶段（1949—1978 年）；改革开放后的住房制度改革阶段（1978—1998 年）；市场化和调控并行的阶段（1998 年至今）。特定的政策背景和经济基础带来了住宅套型设计的逐步发展，住宅商品化之后，住宅多样性更加丰富。住宅户型的变化并不仅仅与居住需求的发展变化有关，而受很多其他因素的影响，例如国家住宅政策、土地资源、经济条件等。

2.5.1 既有住宅存在的突出问题

城市人口的住房需求随着城市化进程的推进大量增加，随着楼房高度不断增加，容积率迅速提高，居住区配套设施也不断完善，从而使得居民的生活条件有了很大改善，人均住宅面积不断提高。但是随着城镇住房条件的改善，一些老旧住宅不适合老年人使用的问题也不断显现，其中比较突出问题包括：

（1）没有电梯导致老年人上下楼很困难

新中国成立以来直到20世纪末，我国主流住宅为六层以下的砖混结构，如图2-8（a）所示，这些住宅大多没有配备电梯。实际上，1999年之前，住宅设计规范也未涵盖电梯相关内容。比如在上海市1.7亿平方米的老式住宅当中，六成未配备电梯。然而，随着楼内住户步入老年，上下楼梯不便的问题愈发严重，“悬空老人”成了一大难题。

由此，加装外挂电梯也成为当前老旧住宅适老化改造的一个主要项目。外挂电梯可以解决老式住宅居民上下楼困难的问题，图2-8（b）给出了一个外挂电梯的示例。

（a）　　　　（b）

图2-8　无电梯的老式住宅和外挂电梯实景

（2）缺乏基本的保护措施

由于缺少设计规范，城市老旧住宅当中存在着大量不合理因素，如台阶、门槛等普遍存在高度差；地面材料遇水湿滑；意外多发地段缺乏扶手、警示牌；卫生间比其他地面高 15~25 cm，且面积太小，只能站在蹲厕上洗澡，容易滑倒（如图 2-9）；环保不过关的建筑装修材料；水电线路老化导致的安全隐患等。

图 2-9 老旧住宅的卫生间

（3）活动空间狭小

老式住宅房间空间局促、通行过道狭窄的问题普遍存在（如图 2-10）。对于行动不便的老年人、有轮椅或护理人员辅行需求的，往往不具备充足的通过和照护操作空间，使得老年生活的安全性、便利性得不到保障，这也给适老化改造增加了很大的难度。

（4）室内设施普遍存在高差问题

老旧住宅的入户、阳台、卫生间有常见的高度差处（如图 2-11）。以卫生间为例，蹲便器在老式住宅中较为常见，为排水方便常常垫高约 20 cm；即使部分住户拆除蹲便器改用坐便器，但由于卫生间下水问题，不得已在门口加设门槛。巨大的高度差对老年人来说有着显著的安全隐患，也为通行造成了不便。

（5）对不同居住模式下的使用需求适应性不足

老式住宅往往是老年人及其家庭数十年内的生活场所，其间家庭结构的变迁、生活习惯的变化使得对住宅的需求也产生变化。核心家庭、三代共居、空

图 2-10　面积狭小，通行宽度不足

巢老人等家庭结构演变，老年人家庭角色变化、代际关系变迁等因素，对居住场所的适应性提出了灵活调整的要求。然而，老旧住宅建筑结构及空间布局往往囿于原有砖混结构布局，无法动态调整，从而降低生活质量（如图 2-12）。

（6）基础设施陈旧，缺少公共服务设施

很多老旧住宅社区没有专业的物业公司进行管理和维护，其中的道路铺装、

图 2-11　住宅卫生间存在高度差和门槛

图 2-12　老式住宅的空间局限性问题

照明系统等基础设施已经非常陈旧，水电线路也存在老化现象，存在大量失火漏水隐患。同时，老旧社区由于在无障碍设计方面的不足，非常不利于老年人和残障人士的出行。

多数老旧社区设计建造之处没有配备公共服务设施或预留用地，后续搭建往往来自自行车棚等临时建筑改造，甚至为违章建筑。这样的公共服务设施欠缺规划，条件简陋，难以提供高品质的公共服务（如图 2-13）。

图 2-13　老式社区环境

2.5.2　适老化改造的需求分类

以上简单讨论了老年人的基本健康特征与生活习惯。在实际的适老化改造过程中要结合老年人的生理特征和生活习惯进行，不仅要考虑老年人当前的特征和习惯，更要考虑老年人的健康状况以及将来的变化趋势。

国际上通用的衡量老年人活动能力的标准是日常生活活动能力量表。其中认知能力对应的量表为简易精神状态检查量表（MMSE），生活自理能力对应的量表为基础性日常生活活动能力指标（ADL）和工具性日常生活活动能力指标（IADL）。ADL 量表通过测量老年人日常生活中完成各项基础事宜的自理程度来判断其健康状况。其中，基础事宜包括：吃饭、穿衣、上厕所、移动床椅、洗澡和室内移动 6 项。IADL 量表通过测量生活中更细致的功能的完成程度，来进一步判断老年自理和健康水平，其测量项目包括：外出活动、上街购物、食物烹调、家务维持、洗衣服等。目前，ADL 和 IADL 量表已经得到了世界卫生组织（WHO）的承认，并被广泛应用在各项研究、调查中，作为失能判断的参照。需要指出的是，老年人生活能力分级的基础为健康水平，和年龄没有必然的联系，老年人的身体机能状况并不完全依赖于年龄增加。

2022 年，中国市场监管总局批准发布了《老年人能力评估规范》国家标准（GB/T42195-2022）。该标准是在总结 2013 年版民政行业标准前期实践经验，广泛借鉴相关领域做法的基础上，适应养老服务行业发展需要编制而成的。该标准的制定出台，意味着老年人能力评估领域的标准层级由行标上升为国标，将为科学划分老年人能力等级，推进基本养老服务体系建设，优化养老服务供给，规范养老服务机构运营等提供基本依据，也为全国养老服务等相关行业提供了更加科学、统一、权威的评估工具。

按照健康状况可以将老年人分为不同的类别，包括按照老年人能力等级进行分类或者按照老年人的依赖程度来分类。如将老年人按照其生活自理能力分为自理老年人、半自理老年人、失能老年人等；按能力可分为能力完好、能力轻度受损（轻度失能）、能力中度受损（中度失能）、能力重度受损（重度失能）、能力完全丧失（完全失能）；此外，按照老年人的年龄和依赖程度，可将老年人分为低龄或中低龄健康老年人、高龄自理老年人、慢病自理老年人、长期卧病老年人、失智老年人和专业照护老年人六种类型，具体如下。

（1）低龄或中低龄健康老年人

低龄健康老年人（年龄在 60~69 岁）或中低龄健康老年人（年龄在 70~79 岁），他们的身体基本健康，生活完全自理，思维、判断、沟通能力正常，能自主参加各种社会活动。

这类老年人的基本特征包括：健康有活力，基本无生活照护的需求，且仍在家庭中起重要作用。这类老年人生活的驱动因素包括：健康延续（养生保健等），社会参与（社交、运动、娱乐、休闲、旅游等），晚年自我价值或第二人生的实现。

对此类老年人的适老化环境设计要点为“防患于未然”，减少安全隐患，均衡满足安全性、功能性、易用性、舒适性各方面的需求。

（2）高龄自理老年人

这类老年人年龄通常在 80 岁以上，生活基本自理；除传染病、精神病外，慢性病（如高血压、糖尿病、心脏病、支气管炎、脑血管病等）病症稳定，意识清晰，思维、判断、沟通能力正常。

这类老年人的基本特征包括：身体基本健康；生活基本自理，但存在生活隐患；难以在家庭中发挥作用。其生活的驱动因素包括：日常疾病诊疗的健康管理、风险预防、抗失能活动和短期托管等。

对此类老年人的环境设计要点为安全性、通过性、功能性和易用性。

（3）慢病自理老年人

这部分老年人需要部分协助以完成日常生活活动；能借助器械独立进行户外活动，可能伴有肢体残疾；可自控大小便；健忘、沟通判断能力弱。

这类老年人的基本特征包括：患有慢性疾病（如高血压、糖尿病等），生活自理，但需定期接受医疗服务；承担较重要的家庭角色。其生活的驱动因素包括：慢性病长期监测诊疗、康复医疗、心理支持服务、医保配套支付。

对此类老年人的环境设计要点为介护便利性，如助行器的无障碍通过性、介护辅助人员操作的便利性。

（4）长期卧床老年人

这类老年人的基本特征包括：完全或大部分失能（如瘫痪、机能退化等），需全天候的医疗生活照护；暂时性或永久性无法承担功能性的家庭角色。其生活的驱动因素包括：生活照护、医疗与给药、机能康复、心理咨询等。

（5）失智老年人

这类老年人除衰老削弱认知功能外，由于脑部伤害或其他疾病（如阿尔茨海默病、帕金森病、亨廷顿病等）导致认知功能超额退化，产生记忆力、注意力、语言、空间识别等方面的障碍，反映在日常生活中包括识别人物、分辨时间空间等产生困难。失智老年人对居住环境和照护服务都有高需求。

这类老年人的基本特征包括：失智，需全天候的生活照护；已经无法承担功能性的家庭角色。其生活的驱动因素包括：生活照护、抗失智医疗干预、情感沟通等。

（6）专业照护老年人

这类老年人的基本特征包括：一般为大病康复者（如骨折、中风、心脑血管疾病等)，暂时需全天候的生活照护和针对性的康复护理；暂时无法承担功能性的家庭角色。其生活的驱动因素包括：专业照护、身体康复、病情控制、家庭支持等。

对于专业照护的老年人，按照其自理能力的变化过程，大致可分为四个阶段：自理期、半自理期、介护期和终末期。根据表 2-2 展示老年人身体机能随年龄的变化，适老化改造应该针对性地满足这类老年人的居家需求。

表 2-2　老年人不同时期身体机能表现特征和适老化改造项目

时期	活动能力分类	表现特征	适老化改造项目
自理期	基础性日常生活活动	吃饭、穿衣、上厕所、上下床、洗澡以及室内移动无任何障碍，完全依靠自己完成，一般为较年轻的、未患较大病症的老年人	开始时与普通住宅基本一致，可适当调整或不调整各种设施高度、处理改变为防滑地面。随着年龄的增长逐步增加各种扶手，改变家居设施便利程度
	工具性日常生活活动	外出活动、上街购物、食物烹调、家务维持、洗衣服等方面的能力正常	
半自理期	基础性日常生活活动	吃饭、穿衣、上厕所及室内移动生活行为需要依赖扶手、拐杖、轮椅和升降设施等帮助，上下床、打扫卫生、洗澡无法完全依靠自己完成	全面进行适老改造，增加洗浴扶手、花洒改造、马桶改造、水盆改造、墙体扶手等各种无障碍设计
	工具性日常生活活动	无法独立进行外出活动、上街购物、食物烹调、家务维持、洗衣服等	
介护期	基础性日常生活活动	各种活动需要依赖他人帮助才能进行	需要对床体进行特殊改造、增加呼叫设备、升降设施
	工具性日常生活活动	基本没有此类活动行为	
终末期	基础性日常生活活动	完全依赖他人维持基本的吃饭、排便、洗浴等活动，生命逐渐走向衰竭	对房间布局、床体进行特殊改造，增加相关生命维持系统
	工具性日常生活活动	没有此类活动行为	

需要说明的是，不同的老年居住模式需要分别考虑老年人的身体健康状况所处的各个阶段，有针对性地为老年人安度晚年提供更多的选择。无论何种居住模式，适老化改造都应尽早完成，以适应机体衰老的影响，延长自理期，减

轻家庭和社会的负担。进入介护期和终末期之后，可考虑进入社会机构养老。

2.5.3 适老化分级解决方案

适老化改造是对老年人居住环境进行优化调整的过程，庞大的老年人口对老年人住宅的数量和质量都提出了新的要求。若以传统建筑学视角观之，“老年住宅”并非一种建筑类别，而是近年来随着社会各界对老龄工作的关注，带来的一种从建筑功能及服务内容上的笼统称呼。当前，我国三大养老模式的划分本身也具备模糊之处，因此对老年居住环境的要求只能大体言之、泛泛而谈。家庭养老中，老年人居住家中，重点要调整优化家居环境，使其适应老年人的需求；社区养老中，除了住家环境，还要明确社区老年人活动中心等社区养老服务发生的场所及其需求，进行相关建筑的设计建造和设施配备；机构养老中，机构和社区的功能也有重叠之处。总而言之，减少含混之处，明确不同养老模式下的场所功能及其对建筑设计建造和设施配备提出的特异性要求，明确在不同的养老模式下适老化改造的重点是有差异的，对于适老化改造标准的制定、质量的管理评估、相关研究的推进，都有积极作用。

当下我国住宅设计建造相关的通行标准，主要保障的是安全性等最基础的需求，往往反映的是极广大人群需求的“平均值”或“公约数”，对于居住者自理能力、生理心理状况、年龄特征等并无细致规则。一些老年住宅相关标准，包括《老年人居住建筑设计标准》《老年人居住建筑》等，仅对部分老年人的需求提出了宽泛笼统的参考条目，如：对轮椅、拐杖使用者或护工服务使用者的住房提出通过性、安全性等方面的建议。而中国住房和城乡建设部城市建设司组织编制的《城市居家适老化改造指导手册》，采用图文并茂的方式规范了通用性改造、入户空间、起居（室）厅、卧室、卫生间、厨房、阳台 7 个方面的改造，并基于老年人差异化需求将改造内容分为基础型、提升型两类，非常具有指导意义。但在实践中存在着如下两个层次的需求多样性，需要具体的实操案例来丰富和补充。

一是横向人群需求的多样性。身体状况及自理能力不同的老年人、所需生活照料和辅助医护内容不同的老年人、家庭结构和同住人员情况不同的老年人、经济水平和意愿支付水平不同的老年人……极为丰富的人群样态的多样性对老年居住环境建筑和设施的要求不可一概而论，对细分市场的研究、开拓和深耕还有很大前景。二是纵向变动的需求多样性。人总是会变老的，身体机能的下降、生活节奏的改变、同住人员的变动等因素都是衰老过程中令居住者对居所功能需求改变的原因。在当下中国绝大多数老年人居家养老的现实下，大多数老年人要在生活多年的房屋中继续度过晚年时光，那么居民住宅对增龄过程的适应性便弥足珍贵，需为老年生理、心理和行为特征留足改造空间，以提高结构布局和功能区域灵活性和自由度。

综合横向和纵向的多层次需求，对适老化改造提出分级管理办法，探索立足性能基础、保障动态需求的住宅通用设计体系，有待更多的探索。此外，分级管理更贴合多元化的市场需求，一方面可有针对性地满足市场中不同老年人的多层次的需求，另一方面可针对微观个体的状态变化动态地适应调整。

2.5.4 适老化改造的无障碍设计

适老化设计的宗旨是，在一切建筑空间的设计当中将基于老年身心特征和行为特点的独特需求纳入考虑，采用无障碍设计和通用设计的原则和方法，引入辅助设施和急救系统等，使得建筑空间更加贴合老年人需求，增强人性化、适应性。

老年人身体机能的衰退是整体性的，而不像残疾人是局部的某项功能的缺失。适老化设计与无障碍设计都旨在增添用户的易用性，区别在于无障碍设计的空间布局更宽裕，适老化设计则更为经济、紧凑。

我们以四口之家为例来说明适老化改造的设计思路。一套居所的构成为三室一厅、一厨二卫。子女成年后搬离家庭，居所只余夫妻二人。从老年人的生理特征出发可以发现一些问题：主卧室家具的摆放不太适合老年夫妇的生活起居需要，无法提供足够的轮椅使用及照护空间；储藏室的利用率不高；厨房操作空间不足，内置进餐空间使空间更为局促；浴室内的浴缸正好位于窗前，这给老年人开关窗户带来了困难；子女离开之后卧室空置，可改用作他途……一个改动不大的适老化改造方案如下：居室重布局，进行空间开放化、动线合理化设计，使得室内活动更为方便灵活，同时潜在危险在开敞的视线下也可被及时发现；增加了紧急呼叫系统及可视门禁，改进电路、更新设备；改浴室门为推拉门，方便紧急事件发生时从外面打开，同时扩大淋浴间面积；合理的厨房规划拓展了较为充足的操作空间；打通客厅、卫生间、储藏室，合理化空间布局。

2.6 适老化改造的基本原则与设计理念

为了适老化改造的顺利实施，达到改造的目的，为老年人营造舒适的人居环境，适老化改造会遵循一些基本的原则和设计，本节将分别讨论。

2.6.1 适老化改造的基本原则

适老化改造需要遵循多项原则，包括安全性原则、灵活性原则、舒适性原则、适用性原则和经济性原则，下面具体说明。

（1）安全性原则

老年人在日常生活中应当保障安全，比如，配备楼梯扶手，安装如厕辅助设施，提供外出安全救护设备等。安全性原则是适老化设计当中的核心关切点。老年人日常生活中的安全隐患和相应的设计主要包括以下几点：①防跌倒设计，应在关键部分加装扶手、使用防滑材料等；②防意外风险设计，如厕、洗浴隐患，蹲坐动作、有水地滑使得卫生间成为意外高发地；③采光通风设计合理、视线声音通达，避免室内环境隐晦脏污，便于居住者沟通；④家具适老化和辅助器具配置；⑤报警设施，要在卫生间、房间低处等处设置报警装置，防止老年人独处时意外发生而无人救助。

（2）灵活性原则

适老化设计应该做到可灵活改造。第一，保证家具摆放的灵活性。季节变换、个人习惯的变化、身体状况的变化都是老年人改变家具布局的动机。在房间布局安排时，要为这样的需求留足冗余空间。第二，在居住空间有限时，灵活采用轻质隔断、家具等来调整空间布局，同时避开调整承重墙。如：利用隔断简单化、稳定化门厅布局，为了轮椅通行便利改建隔墙、加大通道宽度等。

（3）舒适性原则

适老化改造要把满足老年人生活、休息、工作和娱乐等要求置于首位，以创造良好的室内外空间环境。适老化改造要尊重老年人身心特征和行为规律，把握好空间布局、设施尺寸、比例关系等；要通过优化人、声、光、风的流通线路，使室内空间结构和陈设布局贴合生活需要、卫生清洁，使人心情愉悦。科学的色彩处理有利于愉悦老年人的情绪、心理。要善于利用绿化手段改善居室环境，达到过渡室内室外空间、增加室内空间层次感、营造愉悦审美体验的效果。

（4）适用性原则

老年人的需求是多种多样的，包括生理上的和心理上的。适老化改造要优化空间配置，使得老年人生活更为安全便利，减少因肌体功能下降造成的对环境的不适用性，防范意外伤害发生。适老化改造的目的是营造健康、合理的起居环境，由此配套的设备与设施需要按老年人心理、生理特点进行设计，以符合老年人的需求和习惯。同时兼顾老年人与照顾者的使用要求，空间具有可改造性。如果适老化改造不能有的放矢地缓解不便，形式再豪华也没有用。比如开关和插座的布置是否合理，水龙头的布置是否合理，灯光的设计是否合理，家具摆放是否合理，是否有足够的收纳空间等各个方面都需要考虑适用性。

（5）经济性原则

适老化设计不在于多么富丽繁华，而在于切中需求痛点、扫除安全隐患、支持便利生活。我国城镇中绝大多数老年人都是中低收入者，有些甚至还没有收入，因此，适老化改造也必须要考虑老年人以及家庭的经济承受能力。适老化改造设计中要根据户主经济情况和需求状况，物尽其用、合理布局。铺张浪费、华而不实的设计不仅加大经济负担、造成浪费，还可能造成安全隐患，得不偿失。

2.6.2 适老化改造的基本设计理念

适老化改造的设计需要充分考虑老年人的特点和需求，但其基本的设计理念还是来自于在实践中广泛采用的无障碍设计、通用性设计和前瞻性设计这三项。

（1）无障碍设计

无障碍设计着重考虑技能衰退或障碍者对设施和建筑的可使用性，保证设施和建筑空间能够满足他们的使用需求。无障碍设计体现了设计中的人文性，致力于营造一个人人可以安全、舒适、便捷享受服务和设施的空间环境。

无障碍设计关注、重视残疾人、老年人的特殊需求。目前的社会上已经存在着大量无障碍设计的案例，如人行道上铺设盲道、景区城区地图提供盲文指示，建造轮椅使用者专用卫生间，为视障人群开发合适的移动电话操作系统等，涉及工作、生活、休闲等各个方面。

跌倒是老年人居家养老最常见的问题。在适老化改造的整体设计中，防跌倒是最核心的内容之一。

（2）通用性设计

通用性设计考虑所有人群对设施和建筑的可用性，保证机能完整、机能缺失的人群都能顺利使用设施，同时也不因使用者经验、语言等认识程度而损失其可用性。通用性设计的核心思想是，认为整个人群都存在着潜在的活动功能障碍，即人的能力是有限的，人们具有的能力不同，在不同环境中具有的能力也不同。每个人总会在某种情境下不同程度地受到自身活动能力的限制，因此设计要从通用性出发，照顾使用者在各种情况下可能产生的障碍。

通用性设计相对于无障碍设计更进一步：无障碍设计仅仅针对能力衰退的老年人或残障人士，具有静态性；而通用性设计考虑到所有人群潜在的活动障碍性，具有动态性。当下国际设计界关注到了无障碍设计的局限性，并更多地认可并采纳通用性设计的思想。由于此两种设计思想在国内出现稍晚，且理念比较先进，因而多数时候会将这两个概念混同使用。

（3）前瞻性设计

前瞻性，顾名思义，是基于对事物长远发展的预期做出远期的计划。老年人的生理需求和心理需求在增龄过程中会产生各种各样的变化。按照我国的一般性定义，人从 60 岁步入老年期，到 85 岁左右进入被照顾关怀期，差不多有

20 多年的时间。有些设施和设备，在健康时期不需要，只有在行动不便时才迫切需要。比如站姿洗脸盆的高度不宜过低，以免使用时前倾曲度过大，腰部受力过大；但坐姿脸盆（如供轮椅使用者使用）的高度就要下降。诸如此类等。因此，适老化改造要有前瞻性，要对老年人增龄过程中自理能力的衰退有预见性，要在适老化改造设计中为潜在的老龄需求留足冗余空间。在我国当前以及未来居家养老占主流的情况下，老年人往往会在自年轻时就一直长期居住的环境中度过晚年，从经济和精力上来说都不可能进行多次彻底的房屋翻修。因此，适老化改造和设计要照顾到老年人未来几年以至于几十年的使用需求，保证未来调整的可行性。

2.7 本章小结

本章对适老化改造的基本内容进行了介绍。

首先，介绍了老年人的基本特征与养老需求。老年期的生理机能、健康状况变化对居家生活需求起到了至关重要的影响，居家适老化改造应该针对老年人的需求，通过改善安全环境、提高居家便利程度，以支持老年人自理生活。适老化改造的理念中，防止老年人跌倒是最重要的一项内容，我们专门用第二节介绍了老年人跌倒的现状、危害以及需要重点关注的老年人人群。

适老化改造是对老年人居住环境进行优化调整的过程，在不同的养老模式下，适老化改造的重点是有差异的。我国当前和未来的基本养老模式包括了居家养老、社区养老和机构养老，这三种养老模式具有不同的特征和优缺点。

其次，分析了城镇老年人的居住环境，并从安全性、便捷性和舒适性的角度提出了老年人居家养老的基本需求。结合当前小区及住宅适老性不足的问题进行充分讨论。

继而简单介绍了应对方案，对适老化改造进行分级和分类管理。适老化改造不仅要明确老年人居住建筑的类型，还要综合横向和纵向的多层次需求，对适老化改造提出分级管理办法。分级管理一方面可有针对性地满足市场中不同老年人的多层次的需求，另一方面可针对微观个体的状态变化动态地适应调整。

最后，介绍了为充分精准考虑老年人的特点和需求，适老化改造需要遵循的五项基本原则和三项基本设计理念，即安全性原则、灵活性原则、舒适性原则、适用性原则和经济性原则，以及无障碍设计、通用性设计和前瞻性设计理念。

第3章 住宅适老化改造的主要内容

本章针对城镇老旧住宅和附属设施的适老化改造设计以及实施要点进行简单介绍。具体包括适老化改造设计要点、室内空间适老化改造、室内家具家装设施设备的适老化改造等。适老化改造设计需要针对老年人的需求和居家环境，在遵循无障碍、通用性和前瞻性设计理念的基础上体现安全性、灵活性、舒适性、适用性和经济性五项原则。本章确定住宅的适老化改造要关注通过性设计、防跌倒防撞设计、采光照明设计、紧急呼叫报警设计、易用性和舒适性设计五大要点。重点介绍室内适老化改造的内容：室内空间改造中除了强调地面墙面的综合处理外，将分门厅/玄关、客厅、卧室、厨房、卫生间和阳台具体讨论；在室内家具家装设备设施的改造中，会包括家具家装、给水排水设施、电器相关设备、智能化设施等。最后还展示一些重要的辅助设施与器具。

3.1 适老化改造设计要点

适老化改造设计需要针对老年人的需求和居家环境，在遵循无障碍、通用性和前瞻性设计理念的基础上要体现安全性、灵活性、舒适性、适用性和经济性。在实际应用中，应重点关注老年人居住空间的通过性、防跌倒和防撞伤、采光照明、紧急呼叫报警以及设施的适用性等方面的设计，如图 3-1 所示。

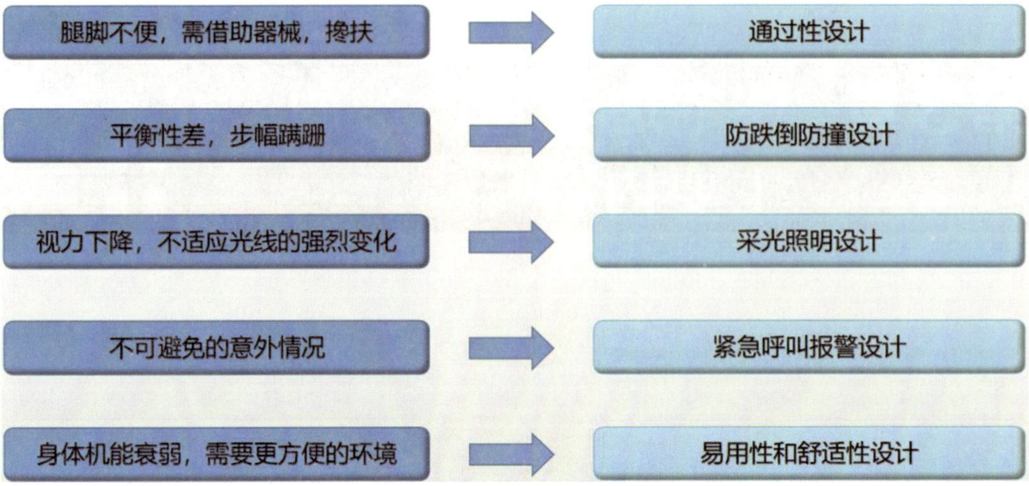

图 3-1　适老化改造设计要点

3.1.1　通过性设计要点

①主要通道应考虑轮椅通过及担架自由回转所需的最小宽度。

②室内门的构造中，平开式不如推拉式；不建议使用玻璃门；建议使用纵向长门把手，便于不同高度（站姿、坐姿）的老年人使用；避免使用门槛或者采用缓坡。

③从结构层级考虑避免垂直高差。且同层内建筑设计，应有缓步台阶。

3.1.2　防跌倒防撞设计要点

防跌倒防撞需要从跌倒诱因、跌倒瞬间的自我保护、跌倒后的防撞三个环节进行设计，尽可能降低损伤程度，具体如下。

①通过门窗布局等方式优化室内采光，需要时加装灯具，保证老人行走时视线清晰。

②用醒目颜色提示楼梯踏步等高差处；行进路线空间开敞，消除易于造成拐杖等勾连的建筑构造。

③在通道、楼梯路线周围连续安装扶手；在卫生间、浴室等跌倒高发区域增设扶手。扶手高度适当，横截面以圆形为优。

④地面采取防滑设计。使用浸水不影响防滑性能的材料，特别是卫生间、

厨房等处；改造排水系统，避免地面积水。

⑤所有室内设施尖锐处采用倒圆角设计以免碰伤，包括外露的建筑构造、家具物品等。

⑥卧室和卫生间设置带有拉绳的紧急呼叫报警装置，让老人在跌倒后能获得及时救助。

3.1.3 采光照明设计要点

①通过合理设置门窗，建筑布局以及设置照明器具以保持充足的照明，防止其他建筑构造（特别是门廊、楼梯等建筑结构复杂之处）产生浓重的阴影而影响视觉。

②在厨房隐蔽管线位置设置局部附加照明；在卫生间和玄关位置设置低位感应照明。

③各房间亮度应均匀柔和，避免产生强烈的变化。避免采用射灯，应选用柔和的漫射光源。

④改造线路，重点位置配置适宜高度的预留插座；改造插座，设置卧室双控开关及感应地脚灯。

⑤合理布置卧室，尽量使阳光能够照射到床上；各个房间采取百叶窗、竹帘、布帘等遮阳措施，以便按需调节室内的进光量。

⑥室内夜间照明设计，方便老人夜间起解，或清晨早起等。

3.1.4 紧急呼叫报警设计要点

①卧室和卫生间设置带有拉绳的紧急呼叫报警装置，并配套一个保持室内无线连接的便携按钮。

②厨房设置烟雾、燃气、火灾等探测报警装置。

③设置双向对讲接口，便于老年人通过接口获取社区服务。

3.1.5 易用性和舒适性设计要点

①考虑老年人常用物品，如拐杖、手扶车、轮椅的临时放置空间。

②电灯及其他电器等操作面板应简单、清晰，避免功能过多，如插座与开关分离；充分利用整体厨房卫浴工业化装配技术。

③家具的设计与选择要考虑老年人的使用习惯；床宜有床尾挡板，方便老年人临时抓握；椅子既要防滑，又要便于老年人自己挪动。

④家具和储物空间，应控制在站立或俯身可取的高度内，以免迫使老年人做出爬高或下蹲的动作。

⑤家具和台面结构应考虑轮椅靠近时的可用性，窗台面高度不应遮挡轮椅使用者的视线。

⑥均匀的热工环境，避免冷热温差过大；从结构上做出特定房间的保温、采暖和换气设计；采用无吹感低温辐射采暖制冷技术。

⑦注意门窗、墙壁的选材，使用高性能隔音降噪材质，可在楼板垫层、门窗等处夹设隔音材料层。

⑧使用家庭用电、用气、用水及空气质量智能调控技术。

3.2 室内空间适老化改造

适老化改造的基础是一般住宅，室内功能区主要包括：门厅/玄关、客厅/起居室、卧室、厨房、餐厅、卫生间、阳台、杂物间等。随着年龄的增长，老年人的生理、心理、行为特点都产生了变化，适老化设计要针对这种变化，使住宅空间能够支持老年人维持安全、舒适、便利的晚年生活。适老化设计中，首先要从理论上考察老年人身心特征，从实践上总结老年人日常生活中潜在的障碍。其次要参照人体工程学知识，设计符合老年人的家具、设施尺寸和空间布局。最后结合改造环境的具体情况提出设计方案，要注意套内各功能区的划分、尺寸、布局、设施配备等要点。

本小节首先介绍室内地面与墙面的适老化改造综合出来的内容，然后分别介绍门厅、客厅、卧室、厨房、卫生间及阳台的改造内容。

3.2.1 地面与墙面综合处理

老年人摔倒是常见的现象，且摔倒后会加快生理机能衰老的速度，带来并发症，给老年人自身和家庭带来不便。老年人摔倒的原因无疑与地面的高度差、光滑程度有关，而消除高度差和使用防滑地板就可较好地解决这个问题。

（1）地面改造关键要点

①消除地面高差。

对房间内地面高差进行改造，消除高度差，包括去除门槛或者采用缓坡，利于老年人走动，方便轮椅设备移动以及护理人员对老年人的护理操作等。

②地面防滑处理。

防滑地砖是一种表面上有细微的褶皱条纹或凹凸点的地砖（如图 3-2），以增加地面与鞋底之间的摩擦力。在不更换地砖的情况下，也可加装防滑贴条或喷涂防滑涂层以起到防滑作用。防滑地板也适用于厨房、卫生间、客厅、卧室等功能区。

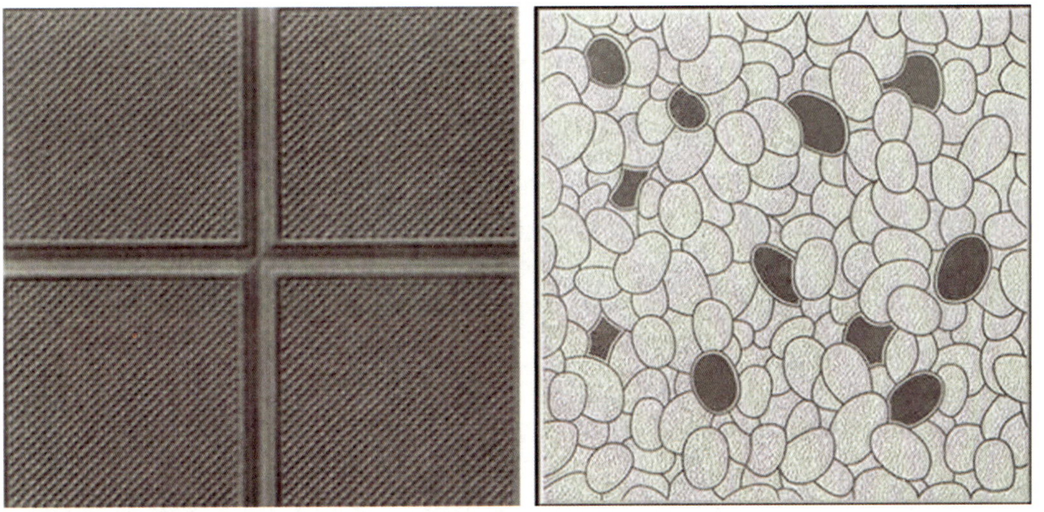

图 3-2 具有凹凸特征的防滑地板砖

（2）墙面的综合处理

①适当位置增设扶手。

老年人走路不便可以借助房间内的墙体扶手，防止老年人摔倒，对坐轮椅老年人有较好借力前行作用。扶手改造时需在承重墙进行，高度适当，改造后的末端需要做入墙处理，防止钩住老年人的衣角，造成伤害，改造后的效果如图 3-3 所示。

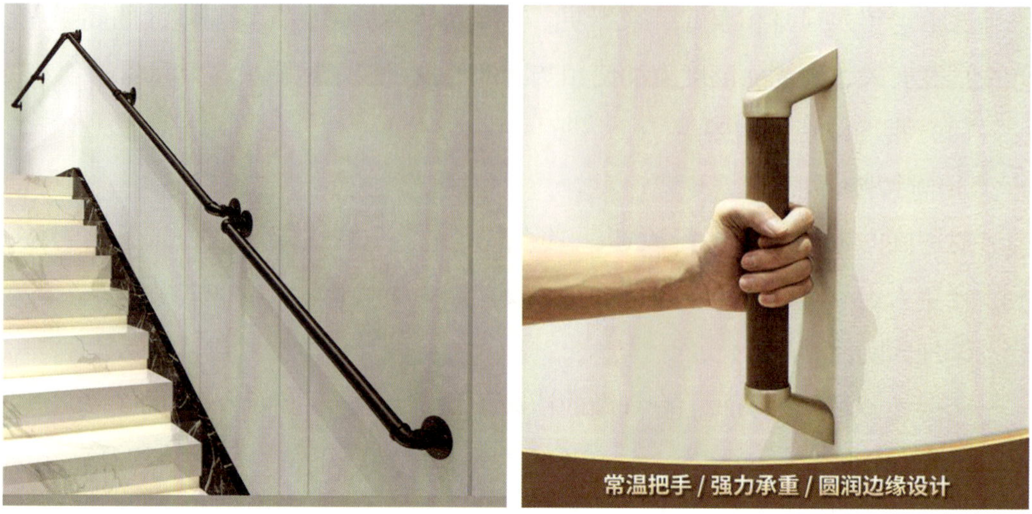

图 3-3　墙体扶手改造后的效果

②适当位置增设辅助撑扶。

室内有高差变化处，或在玄关等需要弯腰、起身、下蹲的一些必要位置，宜通过加设扶手或利用物品、家具等方式辅助撑扶。

③防撞条及警示标识。

墙体转角处及家具家电宜做好防磕碰设计或防撞措施，增设防撞护角、防撞条等，避免老年人磕碰划伤，必要时粘贴警示条等符合老年人认知特点的提示标识。

3.2.2　门厅/玄关

门厅/玄关面积小，却承载着重要且繁复的功能。户主在此处的活动复杂，包括取钥匙、开关灯、穿戴外衣、换鞋、放置杂物、轮椅转换等，此外还要考虑接待来客、急救人员和担架等的出入。这些功能需求决定了此处的功能分区布局须紧凑而科学，使得一系列动作流畅安全。以下是一些相应的适老化设计建议。

（1）确定适宜的形式

建议采取敞开、开口少的门厅形式。敞开的门厅进深较小，使得轮椅等辅行设施、担架等易于回转，同时利于门厅接收屋内的间接采光，防止光线晦暗而造成意外发生。开口复杂、多转角的门厅不利于通行、采光较差，复杂动线的交汇容易发生意外，同时造成对空间的无谓占用，不够经济紧凑。

（2）确保活动的安全

首先是采光问题。门厅活动复杂，需要充足的采光。建议采用柔和的光线，保证明亮的基础上，不刺眼、不炫目，不与室外空间和室内其他空间产生强烈的对比，避免晃眼眩晕。因此，布局上建议侧向采光，不宜在门厅正对面布置低入射光门窗。

其次是加装支持器具。提供扶手和稳固的置物台，保证在进行一系列活动时随时可攀扶；设置凳子，便于换鞋。注意这些家具扶手采用圆角，避免意外发生时的二次伤害。

最后是满足辅行装置使用需求。主要是轮椅，第一，留足通过和调头空间，建议户门进深方向通行净宽大于1.5 m；第二，将扶手、门把手等低位配置，同时家具台面设置为可坐轮椅靠近；第三，取消或尽量减少门槛、台阶等高度差，降低通过时的安全隐患。

（3）充分满足适用性

和其他功能区一样，门厅也要适应随老年人需求变化而调整的灵活性。可通过设置储物柜、高低鞋柜等对空间进行分隔，以减少进出门对相邻空间的影响。为形成稳定的功能空间，可采用轻质隔墙等调整空间布局，同时将家具贴墙布置；如需更大的通行空间，可拆除承重墙之外的隔断墙，增大门厅开敞程度，以方便轮椅、护工等出入。

（4）视线通达

实践经验表明，比起将门厅与居室遮挡而带来的私密性，部分老年人更看重视线通达带来的安全感。不设遮挡的门厅便于老年人在居室中观察到户门是否密闭，在访客进门时及时看清。同时，通达的视线意味着更好的采光。为满足此种需求，门厅处家具不可太高。

（5）重视地面材质的选择

门厅连通室内室外空间，容易带入外界的泥水、尘土，一方面这些脏污易导致疾病，另一方面使地面易滑。为此，应选用便于清洁（材料表面不应有太深的沟壑）、防滑防水的材料。若有铺设地垫，要注意地垫和地面之间的防滑处理。

（6）合理的家具布局

通常布置于门厅的家具包括：鞋柜、鞋凳、衣帽架等，如图 3-4 所示。鞋柜高度适当提高，可同时充当置物架及起到支撑作用，建议高度为 850 mm，下部宜留空，内设感应式灯带，便于老年人视物。为保证乘坐轮椅时的可靠近性，单扇门不应过宽，建议小于 300 mm。鞋凳可加长设置，便于放置随身物品。凳边应设置扶手，便于借力起坐。扶手需稳固，可于墙内预留加固构件。扶手形状应便于抓握，使用木质、塑钢等触感温和的材料。鞋柜鞋凳应紧邻，垂直布置更便于即取即坐。门厅家具的布局应避开入户门扇，防止推门入户干扰老年人活动，产生安全隐患。

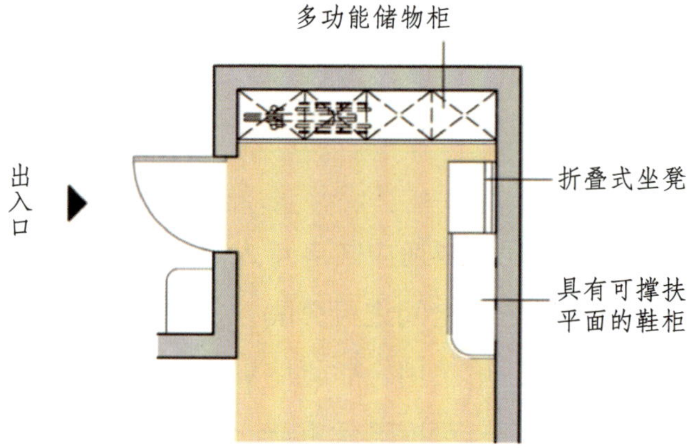

图 3-4　门厅处家具布局

3.2.3　客厅

客厅是老年人休息、聚会、交流的场所，是住宅中较为公共的区域。起居室应当开敞明亮且富有情趣，因此客厅最好设置在有阳光的地方。在进行空间布置时应尽量保证开阔简洁，避免堆放过多的杂物或家具，留出更多的行走和活动空间，防止老年人跌倒。同时客厅的面积不可过大，以免造成空间的浪费或影响其他房间的布置，由于老年人听力及视力的下降，还有可能造成交谈或看电视等的不便。

在客厅家具的选择上也要方便老年人使用。例如过于柔软的沙发可能会让老年人不舒适，宜选用座面较硬的沙发，深度不宜过深。应放置带有靠背，最好带有扶手的座椅。在材质的选择上也应尽量选择环保、安全、易清理的材质，如竹、木、藤等。若沙发过于宽大，可在中间加设扶手，以便于老年人落座和起身。

宜选用轻质茶几，可由两个或多个茶几组合，方便移动。茶几高度宜略高于沙发，便于老年人取物，茶几与沙发前缘之间净宽不宜小于 300 mm，高度宜略高于沙发坐面高度，茶几下部宜便于老年人伸直腿部。

若老人需要在客厅用餐，宜选用适老化餐桌椅。在设计上提升整体高度，方便轮椅自由进出；餐桌整体圆润无尖锐化设计，可最大化避免磕碰；桌面设有安全辅助线，可让长者更好地识别桌边的安全范围，防止余水溢出，方便清理。老年座椅座高设计偏低，最大化避免较低悬空，减少坐感疲劳；椅子扶手增加抓握和肘臂放置位置，起身时更好起到支撑辅助作用；背靠适当提高以更好地支撑肩部，避免长时间使用疲劳，同时增加镂空抓手部位，方便移动。

图 3-5 给出了一个客厅适老化布局的例子。

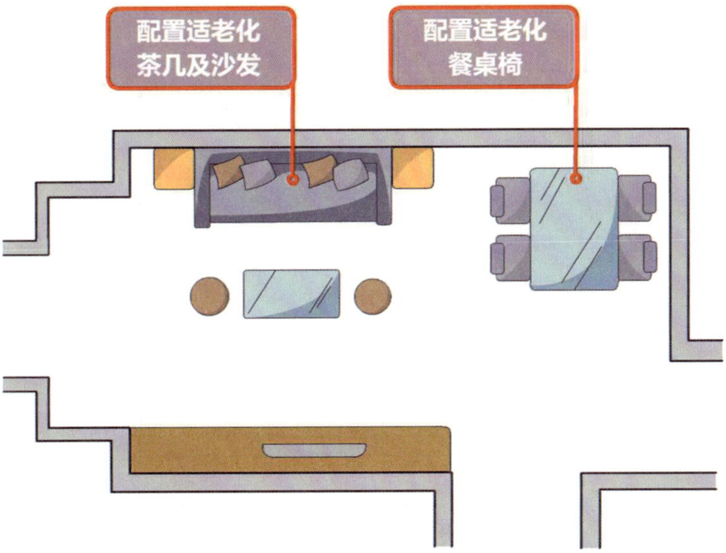

图 3-5　客厅适老化改造布局

3.2.4 卧室

卧室承载了老年居室中的多重功能：睡眠、休闲活动如读书看报等；卧床之时，卧室更是最主要的生活场所；卧室也是照护人员提供服务的主要场所。因此，相比于中青年人群对于私密性的高要求，老年人群对舒适性、安全性提出了更高的要求。老年人卧室的空间设计应符合以下几项要求。

（1）确保适宜的空间尺寸

相对于普通卧室，老年人卧室的面宽和进深尺寸应适当增加。由于老年人潜在的对轮椅通行、照护人员操作需求，应当事先留足冗余空间，以保证床与其他家具，如电视柜、置物柜之间的距离充裕；一般来说，起码要保证 800 mm 的宽度。面宽有限时，可以调整家具的尺寸进行紧凑布局，以留出足够的通行宽度。

若卧室内空间不充裕，可以利用落地窗、露台等装置，通过外扩的方式扩大空间，使活动空间更为舒展。当然，卧室面积并不是多多益善。过于空旷而无所依凭的空间会使老年人活动时无处倚靠、发生意外难以支撑求助，滋生潜在风险。图 3-6 给出了一个老年人居住卧室空间的设计示例。

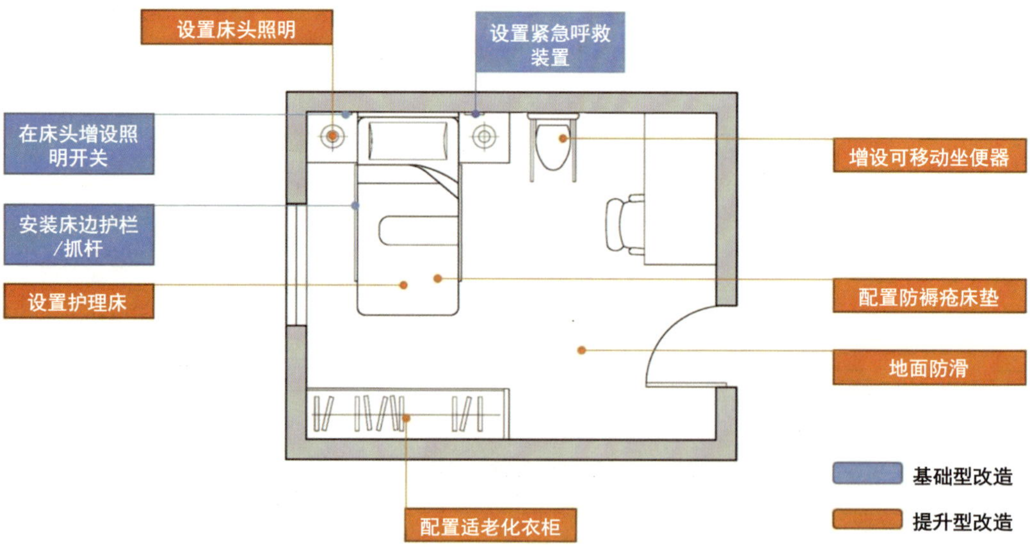

图 3-6 卧室空间设计示例

（2）形成集中的活动区域

通过实践我们发现，卧室的功能除了睡眠、休息之外，往往还集中了读书看报、兴趣活动等功能空间。然而，当下的卧室布局设计当中，往往孤立地布置床、衣柜等主要家具，却没有考虑家具和房间空间之间的相对关系，使得剩余空间被分割而显得零碎，也使得通行、活动空间不稳定，缺乏足够的回转空间。因此，在老年卧室设计的空间布局当中，应当留足活动空间，满足除了睡眠之外的多种活动的需要以及辅行工具的通过性。

卧室内的主要活动空间的布局可参考两条建议：一是靠窗采光良好处，便于晒太阳、眺望窗外；二是靠近卧室入口处，尤其是行走不便、需要照护的老年人，以便人员和物品进出。其中，朝南布局卧室最佳，原因是老年人多怕冷、喜爱光照和暖阳，尽量使得阳光能够照射到床上；一方面可使得采光良好，另一方面也可利用阳光杀菌消毒。

（3）保证家具摆放的灵活性

要保证家具摆放的灵活性。季节变换、个人习惯的变化、身体状况的变化都是老年人改变家具布局的动机。在房间布局安排时，要为这样的需求留足冗余空间。因此，对于相对刚性的空间布局，如房间尺寸、门窗布局等，要在设计建造阶段就考虑到老龄需求；在软性的家装布置环节，要通过灵活布局家具，更好地贴合老年使用需求。例如：有的老人偏好靠窗设床，因此窗下沿的高度应设计为高于床头；秋冬季节，老人喜好温暖，希望靠窗放床以晒到暖阳，而春夏季节则偏好避免阳光直射，卧室空间布局要能支持这两种选择。

另外，为了不影响家具摆放的灵活性和日常活动的安全性，卧室设计建造应避免不规则的墙角、弧形墙、斜墙等。

（4）营造舒适的休息环境

床是卧室中最重要的家具，其摆放方式与屋主生活习惯之间存在密切的关系，在实际设计中应充分考虑其适应性。

双侧临空、单侧临空是卧室中床的两种常见摆放方式。双侧临空的优点是：便于上下床、便于整理被褥、便于护理人员提供服务（如辅助用餐、擦身等）。单侧临空的优点是：室内空间布局紧凑，靠墙放置物品取用方便；然而若为双人床，则靠墙一侧老年人出入不便。床边空间对介护期老年人尤为重要，为了便于照护操作、轮椅通过、辅行服务，通行宽度建议在 800 mm 以上，介护服务宽度建议在 600 mm 以上。关于床是否靠窗、靠门的摆放设计也有讲究。靠窗放置的优点是：利于晒太阳、利用阳光对被褥杀菌消毒；但缺点是：开关窗不便，易着凉，雨天易打湿被褥；床头对窗使老人易受窗外光线和噪声的干扰。对门置床也有易受光线和噪声干扰的缺点，同时影响降低卧室私密性，要尽量避免。

考虑到老年人睡眠的脆弱性，以及夜间的起夜、翻身、打鼾等状况，我们不推荐老年人使用双人床，分床、分房睡眠有利于保证老年人的睡眠质量。若不具备分床、分房条件，可以考虑选用更大的双人床，我们建议使用 1800×2000 mm 及以上的双人床，辅以独立的两张床垫；必要时考虑横向使用床铺以加大二人间距。一个房间内摆放两张单人床时，建议使用 1200×2000 mm 及以上的单人床。建议两床分别靠墙布置，为通行和可能的照护服务留足中央空间。图 3-7 给出了介护期老年人床的摆放示意图，可供参考。

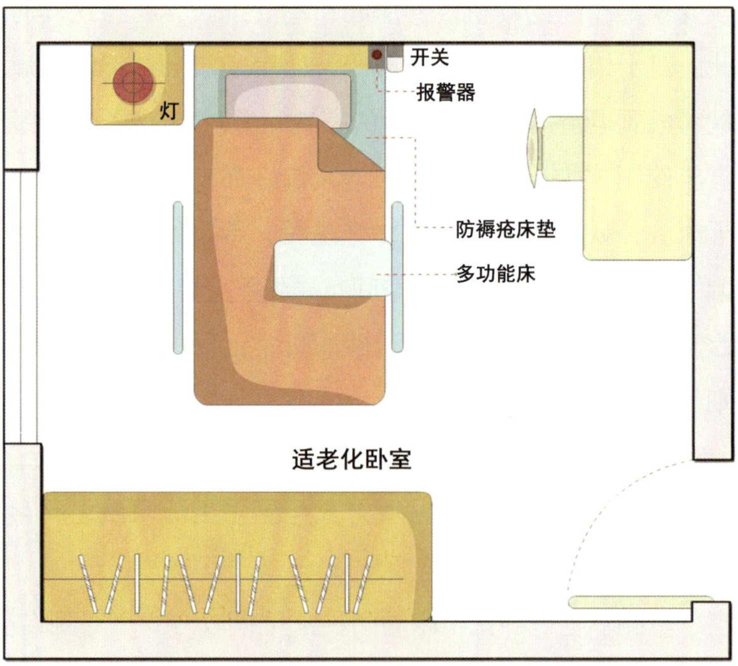

图 3-7　介护期老年人的床的摆放

老年人卧室还需注意隔绝噪声。卧室尽量远离电梯井，以防电梯运行的震动噪声干扰老年人的休息。同理，空调室外机的位置也应远离老年人的床头。卧室采取百叶窗、竹帘等遮阳措施，以便按需调节室内的进光量。此外，应合理安排卧室内的通风流线，便于调节室温、加快流通、驱散异味。卧室门窗开启扇的相对位置安排不能遮挡通风流线，防止产生通风死角。卧室的储藏空间应便于老年人取放，同时考虑乘坐轮椅的老年人的操作高度。当卫生间离卧室较远，或老年人有护理需求时，可在卧室设置可移动坐便器，便于老年人如厕。选用与老年人需求相匹配的防褥疮床垫，避免长期卧床的老年人发生严重褥疮。

3.2.5 厨房

图 3-8 给出了一个厨房的适老化改造的示例，厨房的适老化主要在于空间布局及厨房用具的设置。

对于能够自理和半自理的老年人来说，厨房也是需要使用且容易发生危险的地方，它不仅包含洗涤、烹饪活动，还包括储藏、备餐等，是居室中活动强度大、使用频率高的场所。

因此首先应保证厨房的大小合适，过小可能导致没有足够的操作台摆放物品，老年人在柜子里上下翻找时十分不便；过大可能导致操作流线变长，老年人在使用时可能发生滑倒等意外。除此之外，良好的通风环境和采光也是十分重要的。充足的阳光不仅能够让厨房处在一个干净明亮的状态，也容易让老年人看得更清楚，一定程度上避免发生意外。

对于需轮椅辅助的老年人来说，操作台前需要留有 1.5 m 的回转空间，储藏柜高度适宜等也是十分必要的。在吊柜下方可设置开敞式中部柜、中部架，或可下拉式拉篮，方便老年人取放物品。上方吊柜厚度宜略小于下方橱柜，保证老年人适度前倾时头部不易触碰到上方吊柜边缘。

选用点火、火力调节方便的产品，燃气灶应具有熄火保护功能和防干烧等功能或选用无明火的电炊灶具，炉灶和操作区应有局部照明。炉灶背后宜选用防火、防水、耐腐蚀、耐油烟易于清扫的面材，如防菌墙面瓷砖、强化玻璃等材质。

在天花板上方设置烟雾报警器，同时安装炉灶自动熄火保护装置。设置燃气浓度检测报警器及紧急切断装置，避免安全事故发生。在地面安装积水报警器，及时发现家中漏水现象，避免地面湿滑引起摔倒。当老年人忘记关闭水阀，地面浸水时及时提醒，可联动其他装置，自动关闭水阀。

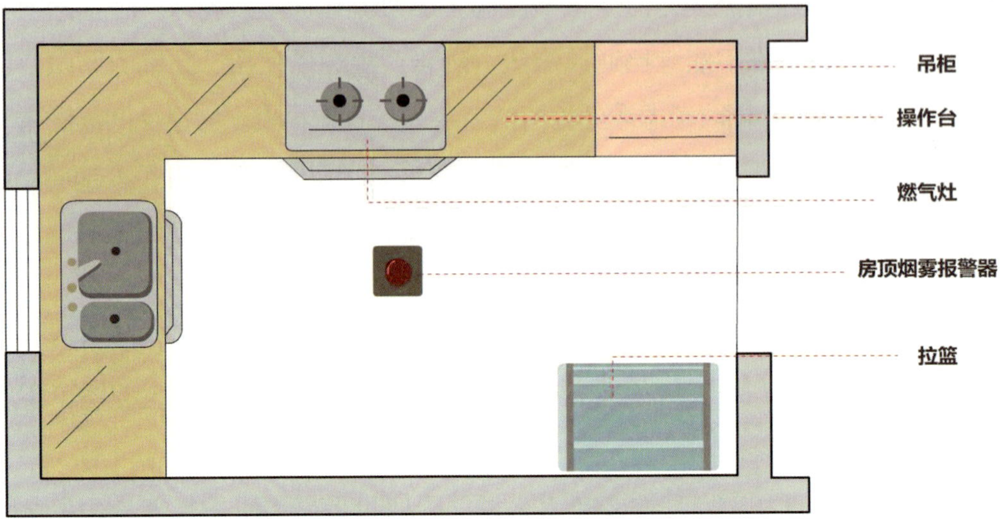

图 3-8 厨房适老化平面图

3.2.6 卫生间

卫生间是滑倒跌倒高发区。为此有必要在洗手盆、马桶、淋浴区等处的易于触及之处安装扶手，以支撑、防摔。图 3-9 展示了水盆加装扶手的效果。水盆可以根据老年人需求做不同的改变，图中显示的是加装了三面扶手的情形，其中图中的两侧竖杠的主要功能是老年人支撑和近距离拉伸所用，图中的前方横杠的位置是远距离前后拉伸之用。目前一般家庭中水盆下方主要是考虑空间利用和美观需要，多为箱柜以存放东西，这尤其不利于轮椅老年人使用。在需要的时候改造留空并适当调整台面高度，便于使用轮椅及助行器的老年人使用。

传统马桶较低，老人站立起较费力，因此可以用电动辅高坐垫或辅高便圈来增加 5 cm 的高度，配合扶手，方便老年人坐起使用。图 3-10 是坐式马桶加装扶手后的效果，主要为老年人坐、起、前后移位等行为形成一个支撑。

图 3-11 是蹲式马桶加装扶手后的效果，图中侧方扶手的位置主要是对老年人站立、下蹲形成一个支撑，图中背后的金属连接的位置主要是对老年人前后

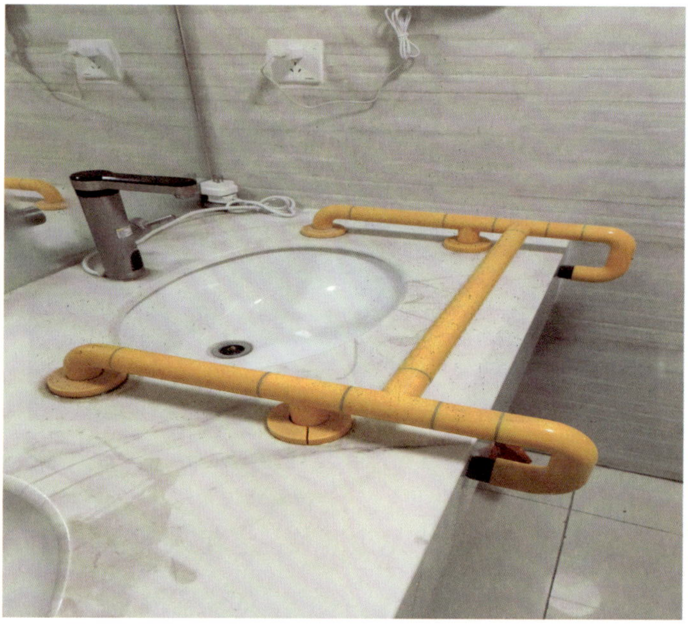

图 3-9　水盆加装扶手改造后的效果

图 3-10　坐式马桶加装扶手改造后的效果

移位提供方便，同时是起到使两侧“1”的扶手更加固定和稳定的作用，该改造尤其对坐轮椅老年人更方便，如果卫生间空间足够，轮椅可以直接进入马桶上方。

图 3-12（a）是花洒改造并加装扶手后的效果。改造后的花洒可提供固定位置和可移动淋浴头，方便不同高度的老年人以及同住房屋的子女使用。花洒附近加装扶手，可方便老年人上下前后移位、稳定身体，防止滑倒摔伤。在安

图 3-11　蹲式马桶加装扶手改造后的效果

装细节上，最好不要采用鸭嘴式水龙头开关，老年人不容易调节水的温度，应尽量采用冷热水分开调节的水龙头。

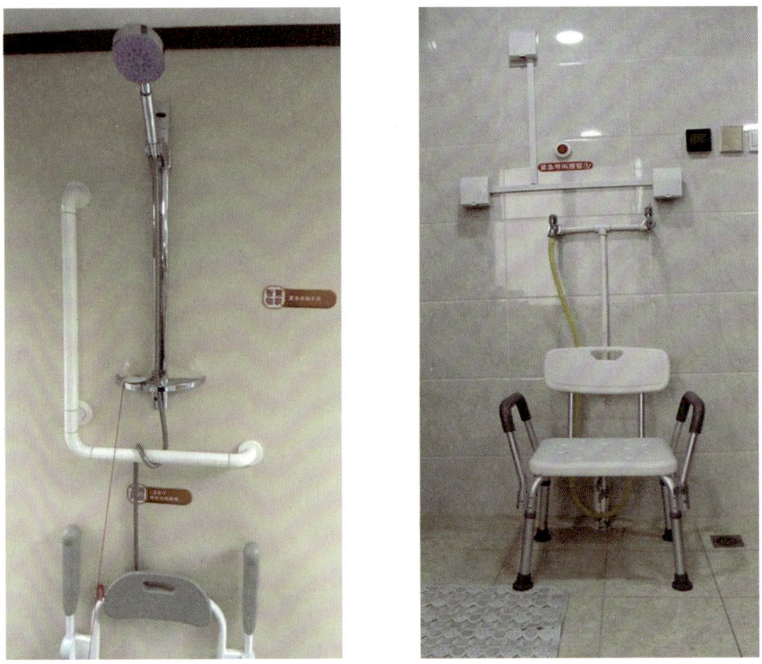

（a）　　　　（b）

图 3-12　花洒设备和卫浴改造后的效果

图 3-12（b）提供了另一个卫浴改造后的效果。放置防滑垫和洗澡座椅，增加一层安全防护。安装紧急呼叫系统，还可以考虑安装自动感应设备，如果

老年人在一定时间内不动的话，系统会自动报警。

卫生间改造过程中，其他一些需要注意的环节包括：坐便器冲水开关应采用侧面下压式冲水，老年人使用其他按式的冲水开关比较吃力。卫生间的门建议使用平拉门或可双向开启的门，以防发生意外倒地后，救护人员的开门不会对其造成二次伤害。卫生间门窗的选择可考虑毛玻璃，方便同住者观察老人状况，以便及时发现意外。

3.2.7 阳台

阳台在老年人的日常生活中不可或缺，在老年人无法外出活动时，它提供了一个能够晒太阳、进行简单健身活动以及储存杂物的场所。因此，阳台首先要尽量宽敞，能够让老年人进行较为丰富的活动。老年人既可以在这里舒展身体，也可以放置几把座椅与朋友进行交谈。另外，阳台多为晾晒衣物的场所，需要注意地面积水，同时也要注意晾晒衣物尽量不要阻挡室内的视线和阳光。除此之外，阳台也承担着放置部分杂物的作用，应注意提供的储藏空间尽量方便老年人使用。

阳台在细节的设计上也需要注意。部分阳台与室内用门隔开，会形成高坎，可能会造成老年人绊倒，因此要想办法消除高差。阳台应安装护栏，护栏既能保障老年人的安全，又能防止轮椅撞到玻璃。但在设置护栏时应避免其过于紧密，阻挡老年人的视线（如图 3-13）。

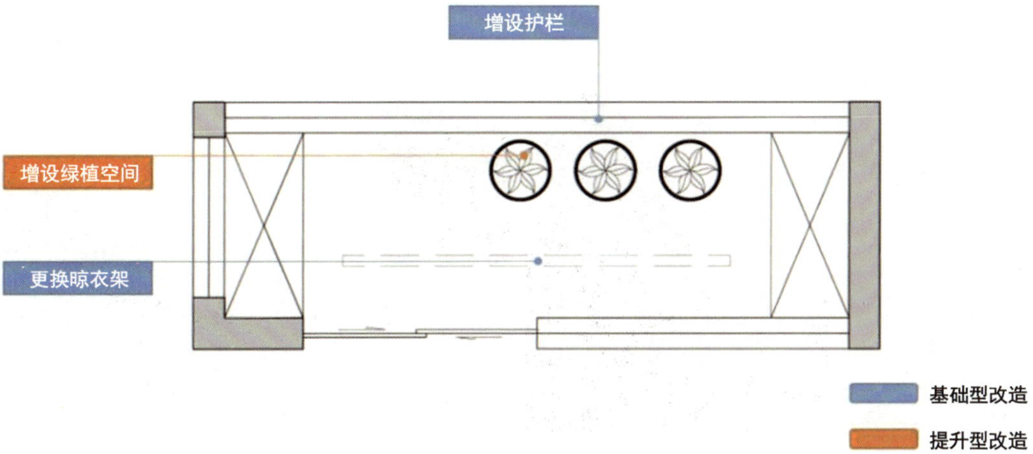

图 3-13 阳台适老化改造平面示意图

3.3　室内家具家装及其他设备设施适老化改造

3.3.1　家具家装

老年人在家活动的时间比较长，与家具接触机会多。并且老年人因为年龄的原因，各功能衰退，行动缓慢不便，骨质疏松，经不起磕碰，特别是家具的棱角比较尖锐，容易对老年人造成伤害。因此，适老化改造需要改造家具棱角问题，亦称为家具圆滑处理。一般旧家具圆滑处理的方法有：①家具边缘添加防撞条或防撞贴；②部分棱角家具可以通过打磨锐角使其变圆滑；③棱角尖锐地方可以添加角套。图 3-14 和图 3-15 给出了两种相关情形的处理方式。此外，尽量不采用玻璃台面的茶几或玻璃装饰物。

图 3-14　家具圆滑处理

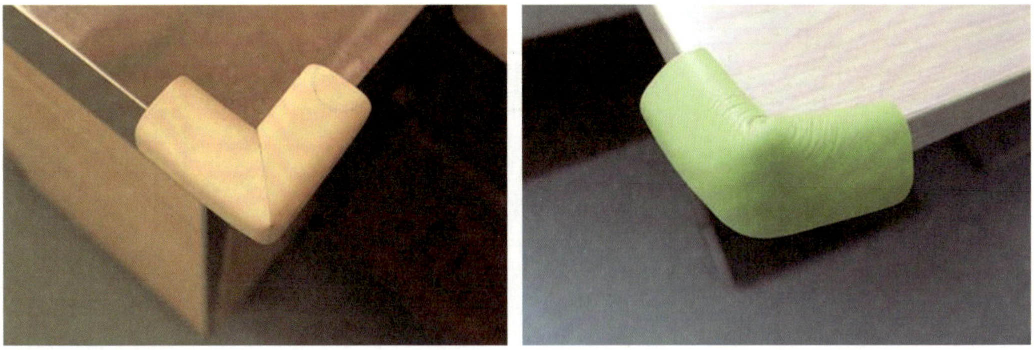

图 3-15　家具添加防撞条

图 3-16 适合老人起坐的椅子和沙发

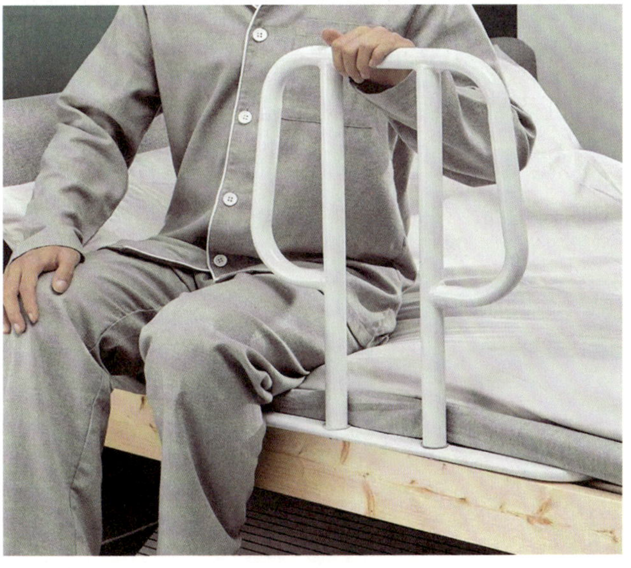

图 3-17 适宜老年人使用的床

对于老年人居住的室内家具、装饰等物品摆放，需要考虑很多细节，但总体上该类物品属于改造后的布置，需要商家做出更细致的考虑，比如椅子和沙发不应该太矮，并且不要太软，否则老年人站起来很吃力；同时，椅子必须要有扶手，椅面要有软垫，如图 3-16 所示。床垫不能太软，最好选择床垫距地面 500~550 mm 的高床（普通床高 450 mm），高床对老年人腿关节会比较好，同时方便老年人上下床，也适合人体工程学原理要求，同时，设置床边护栏，即安全又方便老人站起，如图 3-17 所示。有条件的家庭在卧室床头还可以加装紧急呼叫器等。

3.3.2 给水排水设施

给水排水的设计和施工应注意以下环节：

①洁具的安装应平整、牢固、顺直。

②厨房水槽、卫生间洗手池、马桶、淋浴房排水要保障通畅性。

③给水管应通畅，且必须在完工后进行 24 小时的加压测试。

④排水顺畅，不易积水。

⑤对卫生间地面进行闭水测试，检测防水层。

3.3.3 电器相关设备

电源线应使用标准铜线，一般照明和插座使用 2. 5 mm^2 铜导线，大功率的电器，如空调、微波炉、烤箱、电热器等建议使用 4 mm^2 铜导线。厨房安装电动可升降的吊柜，控制开关设在方便坐轮椅老年人操作的位置。热水器、烟机灶具的安装也要便于老年人使用。冷暖空调为了方便安装，应当事先设置配管孔和专用电源。避免使用燃油、燃气式取暖器。空调不宜直接吹向老年人常坐的位置。

如图 3-18 所示，入门处设置全屋照明总开关或全屋智能开关，智能开关建议选用声控或宽面板开关，高度宜为 850~1100 mm，便于老年人使用。电源插座应结合老年人使用需求布置，保证老年人触手可及，建议安装在距离地面 600~800 mm 的高度。数量应满足家具家电和安全报警装置的使用要求并选用安全型带开关插座，卫生间及未封闭阳台的插座开关应采用防水密闭型开关插座。

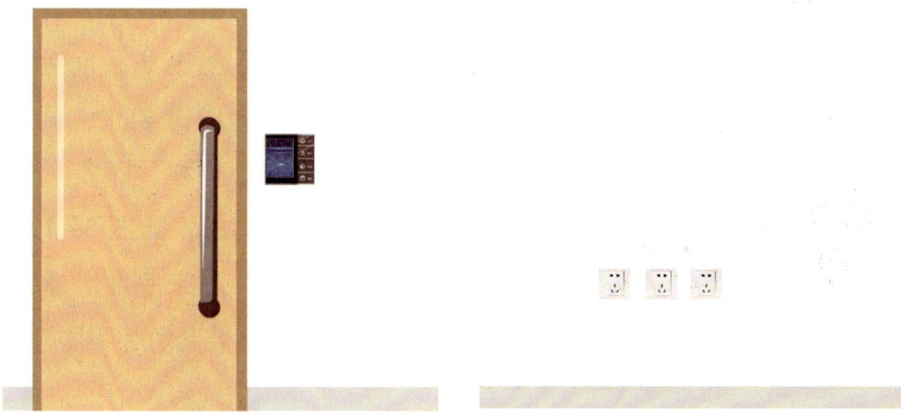

图 3-18　智能总开关及电源插座位置示意图

3.3.4 智能化设施

利用物联网技术，搭建智慧家居和健康监测系统。包括：家居水电联网、远程监控系统、紧急呼叫系统（联动急救、消防、公安等平台）、健康管理系统等。

以紧急救援呼叫系统为例。老年人卧室内应安装救助警报装置，报警器按钮应设在易于接触的空白墙面上，高度在距离地面 900 mm 左右为宜；另外可加设拉绳，末端的距地高度不宜大于 300 mm，确保老年人伸手可及，以适应老年人危急情况下难以起身的特点，用于老年人倒地后呼救（如图 3-19）。报警器可与物业或社区、医护站连通，或在户门外设置报警灯。

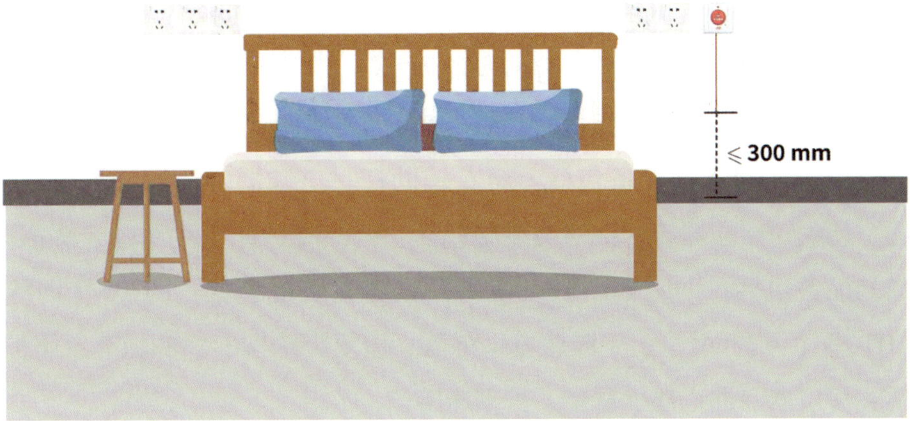

图 3-19 卧室床边设置紧急呼救装置

老年人记忆力下降，常常有忘记关火的现象，灶炉要有自动断火功能，厨房内安装煤气泄漏报警器和火灾报警器。宜在坐便器及淋浴附近设置按钮和拉绳相结合的紧急呼救装置，以便于老年人在身体不适或发生安全意外等紧急情况时向外界呼救。图 3-20 给出了一个示例。

图 3-20 卫生间内安装救助警报装置

3.3.5 补偿性辅助设施与器具

补偿性地增设辅助设施、仪器等可以对那些生活自理能力不断减退的老年人提供极大的帮助。常见的辅助设施与器具的类别包括助餐、助行、助穿、如厕、洗浴、感知、康复以及照护等诸多类别。

助餐类设备包括：适老自助餐具、流食瓶等；助行类设备包括：助行器、拐杖、轮椅等；助穿类设备包括：穿衣辅助杆、穿袜器等；如厕类设施包括：坐便器、便盆、接尿器等；洗浴类设施包括：淋浴椅、床上洗头盆、洗浴床等；感知类的设备包括：助听器、放大镜等；康复类设备包括：PT 床（训练康复用）、OT 桌（可调试）、上下肢康复训练器、康复脚踏车、穿衣板等；照护类设施包括：移位器、褥疮垫、尿垫、护理床等。

图 3-21 展示了部分适老化辅助设施，分别是自助餐具、轮椅、坐便盆、褥疮垫。

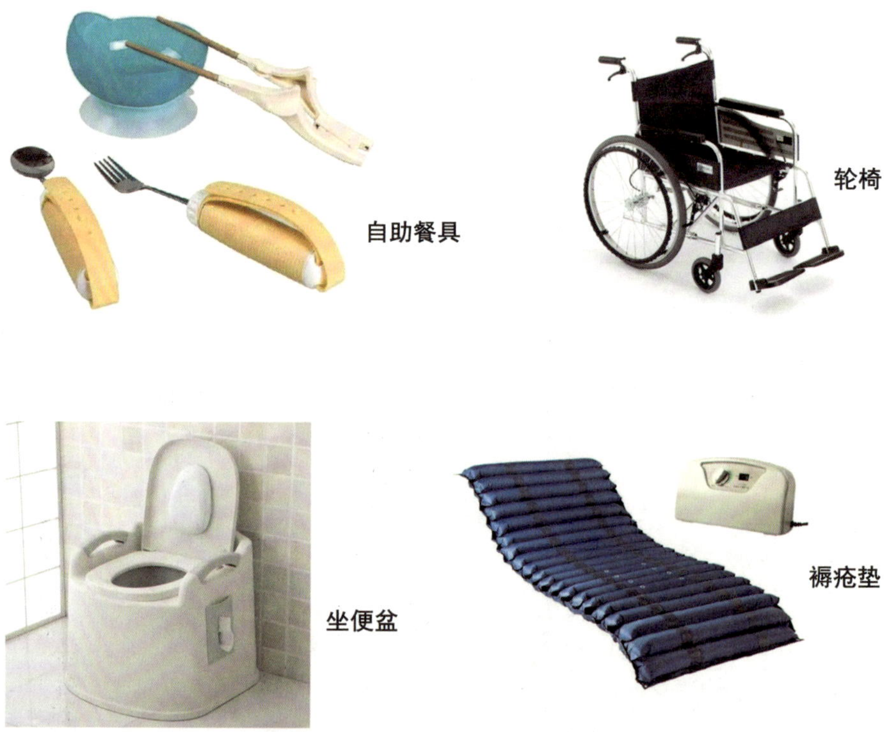

图 3-21　适老化辅助器具展示

在实际生活中，大多数老年人都会购置一些常用的健康器材。表 3-1 展示了老年人当前所拥有的健康仪器情况。从表中可以看出，首先，体温计、血压计和老花镜的使用比例最高，分别为 85. 6%、75. 2%和 71. 9%。其次，假牙、按摩器和血糖仪的拥有量也较多，比例分别为 37. 4%、33. 7%和 29. 1%。目前，老年人中使用助听器的比例为 5. 6%，使用老年人床垫的比例为 4. 1%。

表 3-1 老年人拥有健康仪器情况

仪器名	比例	仪器名	比例
体温计	85. 6%	拐杖	17. 8%
血压计	75. 2%	治疗器	15. 0%
老花镜	71. 9%	助听器	5. 6%
假牙	37. 4%	老年人床垫	4. 1%
按摩器	33. 7%	其他	1. 4%
血糖仪	29. 1%		

在老年人保健养生行为方面，调查还显示，老年人中使用保健品的比例为 21. 2%。随着年龄增长，老年人使用保健品的比例呈现明显的上升趋势；在 80 岁以上的高龄老年人当中，使用保健品的比例为 54. 5%。在保健品购买方式上，选择自己或配偶购买的比例为 71%。在花费数额上，近半数购买保健品的老年人年均花费在 5000 元以上。在购买保健品时，老年人主要看重功能和质量，购买场所多为大型购物商场、超市或专卖店等相对正规的地方，这些地方所占比例达到 49. 7%，而选择通过推销人员购买的比例仅为 18. 9%。根据有关调查，当前 73. 7%的老年人关注养生信息。在获取信息的渠道方面，有 71. 9%的老年人主要依靠电视来获取相关信息，有 28. 1%的老年人则主要通过报纸获取信息。研究还发现，在老年人信息获取中，现代信息技术的作用正在提升，22. 5%的老年人通过微信朋友圈或短信获取养生信息。

随着老年人自我健康管理意识的加强，市场也越发关注这一方面需求的满足。在健康保养的同时，一些健康管理辅助设施能够提供舒缓放松的身心体验，也是值得考虑一个因素。下面针对一些常见的老年生理、生活问题，介绍部分新型辅助设施。

（1）老年人饮水问题

老人的居家时间较长，饮水频率高。当前家用饮水设备中燃气烧水、电热水壶、桶装饮水机等较为常见。然而，燃气烧水中，由于老年人记忆力的下降，常常出现忘记关火的现象，而电热水壶在长期使用后，也存在无法自动关火的安全隐患；使用桶装饮水机更换水桶对于行动不便、力量不足、经不起磕碰的老年人来说，存在着更大的障碍和隐患。因此，对于独居的老年人而言，家中的饮水设备需具备自动性、安全性、智能性、便捷性等特点；此外，若有额外的保健效果，对身体健康和生活质量的提升会更有裨益。

（2）消化系统功能问题

老年人消化系统功能减弱，受身体条件所限，往往不能多加运动，容易出现消化系统功能障碍。如，面对肠道菌群失调问题，可以通过食用益生菌等调养。

（3）睡眠问题

老年人睡眠时间短，伴随着入睡困难、浅眠、易于惊醒等问题。老年人心理较年轻时脆弱、情绪波动大，面对睡眠问题更易产生负面情绪，二者相互促进震荡，形成负面情绪和失眠的负向循环，继而引发更深的健康问题。因此，对老年人提供舒缓、安眠服务有其必要性。除了传统的泡热水澡、饮热牛奶等方法，还可以配备新型舒缓设备。

3.4 互联网应用的适老化及无障碍改造

随着信息技术的发展，老年人也有使用互联网的需求。目前，基于互联网的家庭信息应用类的需求也面临着适老化和无障碍化的改造问题。2020 年中国工业和信息化部发布了《互联网应用适老化及无障碍改造专项行动方案》。方案按照《国务院办公厅印发关于切实解决老年人运用智能技术困难实施方案的通知》（国办发〔2020〕45 号）和《工业和信息化部中国残疾人联合会关于推进信息无障碍的指导意见》（工信部联信管〔2020〕146 号）部署，为着力解决老年人、残疾人等特殊群体在使用互联网等智能技术时遇到的困难，推动充分兼顾老年人、残疾人需求的信息化社会建设，致力于在全国范围内组织开展互联网应用适老化及无障碍改造专项行动。

信息无障碍是指通过信息化手段弥补老年人或残障人士身体机能、所处环境等存在的差异，使无论是健全人还是残疾人，无论是年轻人还是老年人都能平等、方便、安全地获取、交互和使用信息。当前，我国公共服务类网站及移动互联网应用（APP）无障碍化普及率较低，适老化水平亟待提升，多数存在界面交互复杂、操作不友好等问题，使得老年人不敢用、不会用、不能用；普遍存在图片缺乏文本描述、验证码操作困难、相关功能与设备不兼容等问题，使得残疾人等群体在使用互联网过程中遇到多种障碍，“数字鸿沟”等问题突出。

实施互联网网站和移动互联网应用（APP）适老化及无障碍改造，努力解决老年人、残疾人在智能技术面前遇到的困难，不仅可以推动充分兼顾老年人、残疾人需求的信息化社会建设，提升互联网应用适老化水平及无障碍普及率，更可以增进包括老年人、残疾人在内的全体人民福祉。

这次专项行动，必将极大推动和提升老年人和残障人士的信息化服务水平。如针对老年人可推出更多具有大字体、大图标、高对比度文字等功能特点的产品。鼓励更多企业推出界面简洁、操作方便的操作模式，实现一键操作、文本输入提示等多种无障碍功能。提升方言识别能力，方便不会普通话的老人使用智能设备。同时，针对当前互联网应用中强制广告较多，容易误导老年人的问题，互联网网站和手机 APP 完成改造后的适老版、关怀版、无障碍版本，将不再设有广告插件，特别是付款类操作将无任何诱导式按键，以便各类特殊群体方便、安全地使用。

在中国工业和信息化部的官方网站上，公布了首批适老化及无障碍改造网站及 APP 名单，分别如表 3-2 和表 3-3 所示。

表 3-2　首批适老化及无障碍改造网站名单

类型	网站名称
国家部委及省级政府	中国政府网、外交部网站、卫生健康委网站、教育部网站、中国气象网、省级政府网站（共 31 个省市）
残疾人组织	中国残疾人联合会、各省残疾人联合会（共 31 个省市）

续表

类型	网站名称
新闻媒体	人民网、新华网、中国网、央视网、国际在线、求是网、中国日报网、中国青年网、中国经济网、中国新闻网、搜狐网、腾讯网、网易网、澎湃新闻、今日头条
交通出行	中国国际航空、中国东方航空、中国南方航空、海南航空、深圳航空、中国铁路 12306、携程、去哪儿、艺龙旅行网、蚂蜂窝、8684 公交网、途牛旅游网、住哪网
社交通讯	中国电信网上营业厅、中国移动网上营业厅、中国联通网上营业厅、新浪微博、知乎
生活购物	京东商城、阿里巴巴、淘宝网（包括天猫）、苏宁易购、当当网、国美电器网上商城、孔夫子旧书网
搜索引擎	百度、搜狗
金融服务	中国工商银行、中国建设银行、中国农业银行、中国银行、中国交通银行

表 3-3　首批适老化及无障碍改造 APP 名单

类型	APP 名称
新闻资讯	腾讯新闻、新浪微博、今日头条
社交通讯	社交类：微信、QQ 电信类：电信、移动、联通网上营业厅
生活购物	购物：淘宝、京东、拼多多、闲鱼 美食外卖类：饿了么、美团 住房：链家、贝壳 娱乐：抖音、火山小视频、喜马拉雅听书、爱奇艺、优酷、全民 K 歌、唱吧 工具：百度、搜狗
金融服务	支付类：支付宝、微信支付 银行类：中国工商银行、中国农业银行、中国建设银行、中国银行、中国交通银行
旅游出行	地图类：百度地图、高德地图、腾讯地图 网约车类：滴滴出行 票务类：铁路 12306、携程旅行
医疗健康	寻医问诊类：114 健康、好大夫在线、微医 医药类：京东到家、叮当快药

3.5 本章小结

本章介绍了老年人居家适老化改造的基本内容，包括整体设计、家居环境、室内空间、室内家具家装、设施设备适老化改造和重要辅助器具的使用等方面的内容。

适老化改造设计需要针对老年人的需求和居家环境，在遵循无障碍、通用性和前瞻性设计理念的基础上体现安全性、灵活性、舒适性、适用性和经济性。在实际应用中，应重点关注老年人居住空间的通过性、防跌倒和防撞伤、线路照明、紧急呼叫报警以及设施的适用性等方面的设计。

适老化住宅改造的功能区主要包括了门厅/玄关、客厅/起居室、卧房、厨房、餐厅、卫生间、阳台等。随着年龄的增长，老年人的生理、心理、行为特点都产生了变化，适老化设计要针对这种变化进行设置或改变，使住宅空间能够支持老年人维持安全、舒适、便利的晚年生活。

利用物联网技术，可搭建包括家居水电联网、远程监控系统、紧急呼叫系统、健康管理系统等智慧家居和健康监测系统。此外，补偿性地增设辅助设施、仪器等可以对那些生活自理能力不断减退的老年人提供极大的帮助。

当前，基于互联网的家庭信息应用类的需求也面临着适老化和无障碍化的改造问题。中国工业和信息化部实施的《互联网应用适老化及无障碍改造专项行动方案》必将极大推进和提升老年人和残障人士的信息化服务水平，也为适老化改造市场注入了新的活力。

第 4 章 住宅适老化改造基本流程

适老化改造流程是指按照项目管理要求进行的改造前、改造中和改造后一系列环节所组成的全过程。程序上包括：由需求方向适老化项目的提供方提出申请，项目的提供方通过需求受理，指定第三方或项目实施方进行适老化改造专业评估，然后需求方和项目提供方双方签订合同开始项目实施、进行施工和验收，最后提供售后服务等环节。严格、规范的流程管理可以确保适老化工程的顺利实施和按质按量的完成。

4.1 适老化改造项目流程概述

住宅适老化改造应以“敬老、尊老、专注老年人服务”为宗旨，以“安全、简约、舒适、实用”为原则，根据各项国家标准，严格按照服务流程来操作的项目管理过程，如图 4-1 所示。适老化改造的流程包括了需求受理、上门评估、方案设计与总报价、签订合同、改造实施、施工验收、支付款项和售后服务等基本流程。

适老化改造项目在整个项目管理过程中应体现对老年人的关怀，通过实行全周期环节的人性化设计，为老年人居家养老提供全面健康的解决方案，让老年人在家中更安全、更便利、更舒适。图 4-2 给出了适老化服务的 8 个环节。

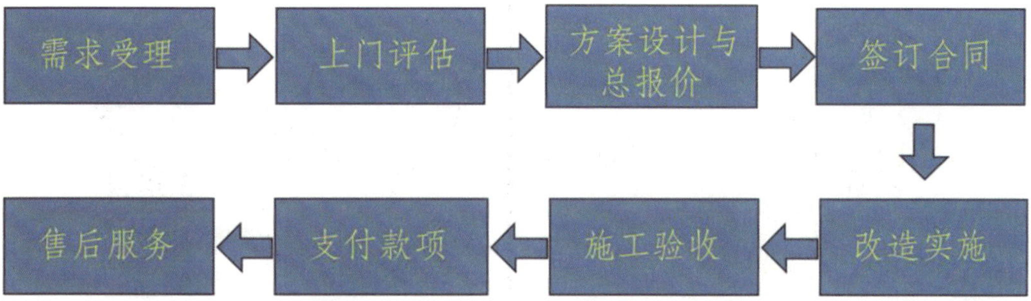

图 4-1 既有住宅适老化改造流程

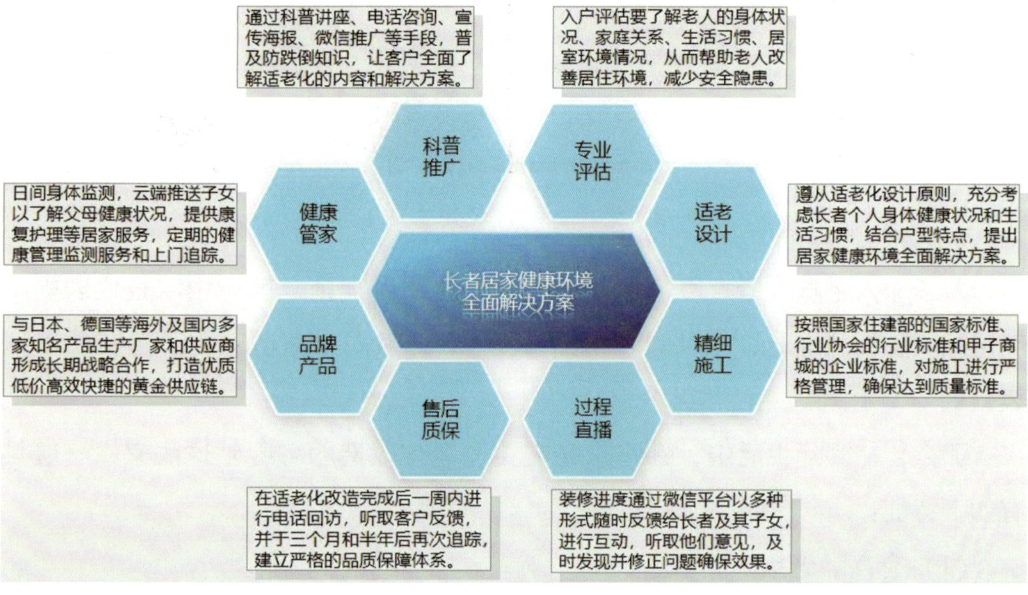

图 4-2 适老化服务的八大环节

4.2 适老化改造项目的需求受理

适老化改造项目面向居家养老的广大老年人群体，很多项目是在当地政府主导下的具有一定福利的政府项目，在项目推广时，可通过科普讲座、电话咨询、宣传海报、微信推广等手段，普及防跌倒知识，让客户全面了解适老化的内容和解决方案。图 4-3 给出了居家环境中老年人容易受伤的一组小图片，帮助大家更好的理解推广适老化改造项目的重要性。

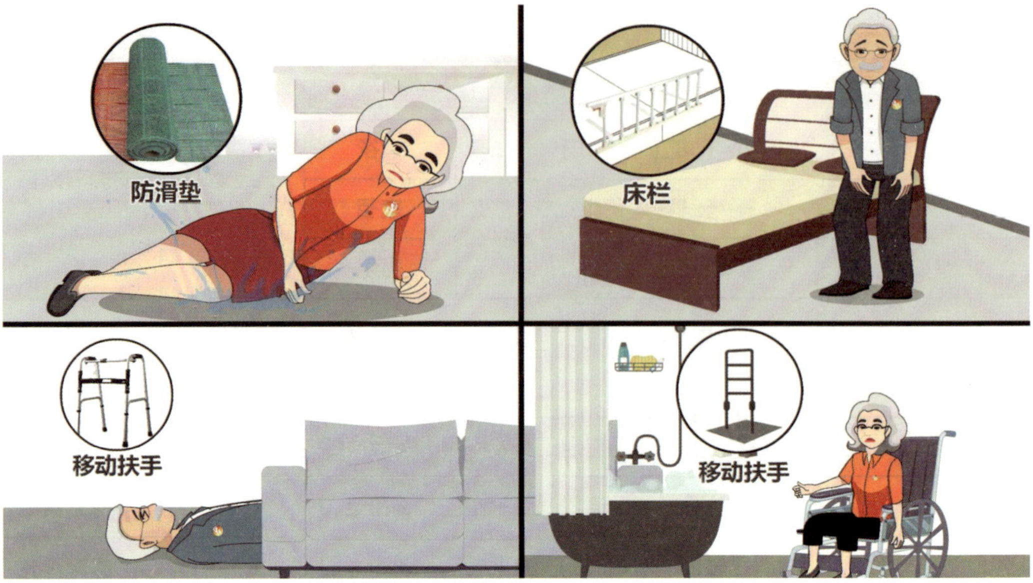

图 4-3　老年人对适老化生活的向往

为了深入了解改造家庭需求，适老化改造项目实施之前应由家庭代表提出申请并填写相关信息，表 4-1 给出了《××市老年人家庭适老化改造资质申请表》的一个示例。

那么，在实际生活中，哪些家庭需要适老化改造服务呢？这些家庭一般具有如下特征：

（1）有高龄老年人的家庭

高龄老年人，即使身体基本健康，生活尚能自理，但由于受机体退化影响，对环境的适应能力下降，容易出现各种慢性退行性疾病，会存在一定生活安全隐患。

（2）有半自理老年人的家庭

半自理老年人不能独立完成日常活动，需要在一定的辅助条件下完成基本的日常生活活动。其中辅助的含义包括：在他人帮助下移动、借助拐杖等器械进行户外活动等。此外，健忘、沟通判断能力弱也是这类老年人的基本特征。这类老年人日常活动能力可使用 ADL 量表进行测量，确定其能力程度。

（3）独居老年人家庭

由于种种原因独居的老年人，在遭遇如火灾等意外危急事件时难以及时、有

表 4-1　××市老年人家庭适老化改造资质申请表

区　　街道（乡镇）　　居（村）委会

<table>
<tr><td>老年人姓名</td><td></td><td>性别</td><td></td><td>户籍所在地</td><td></td></tr>
<tr><td>身份证号</td><td colspan="5"></td></tr>
<tr><td>申请改造
家庭住址</td><td colspan="5">（详细地址）</td></tr>
<tr><td>联系方式</td><td colspan="5">手机：　　　　座机：</td></tr>
<tr><td>家庭联系人</td><td colspan="2"></td><td>联系方式</td><td colspan="2"></td></tr>
<tr><td>身份特征</td><td colspan="5">①经济困难老年人：
城市特困□　农村五保□　低保□　低收入□
②独居老年人：
无赡养人□　赡养人无赡养能力□
（请注明原因：　　　　　　　　　　　　）
③失智老年人□
（请注明失智原因或病因：　　　　　　　　　　　　）
④其他□
（请详细备注：　　　　　　　　　　　　）
（在所选项后□内划“√”，并附相关证明材料）</td></tr>
<tr><td>申请改造项目</td><td colspan="5">建筑硬件改造□　　家具家装改造□
康复辅助器具适配□　　智能化助老服务设施配备□
申请人签字：
年　　月　　日</td></tr>
<tr><td>资质审核意见</td><td colspan="5">审核部门：　　　　（盖章）
审核人签字：　　　　年　　月　　日</td></tr>
</table>

力应对处置，需要得到相应的帮助。

（4）有失能或失智老年人的家庭

失能或失智老年人需全天候的生活照护，为方便照护失能老年人，需要对其居住环境进行相应的改造。此外，失智老年人的空间认识功能欠缺，因此在室内空间洄游动线和环境色彩的设计方面要格外留意。

（5）其他有老年人的家庭

步入老年以后，人的身体体质和机能下降，容易生病。老年人对于安全有更加迫切的需求。常见的安全隐患包括：室内外存在高度差；地面材料不防滑、沟壑深、色彩驳杂；没有预留监控、报警、呼叫系统管线等。

4.3 适老化改造专业评估

为了解老年人的实际需求与居家环境的实际状况，需要对提出申请的适老化改造项目家庭进行入户评估。为了有针对性地改善老年人居住环境、减少安全隐患，入户评估需要收集老年人的身体状况、家庭关系、生活习惯、居室环境情况等相关信息。评估应从多方角度，采用多种形式进行，并结合老年人自评、评估者他评，采用实测、拍照等，形成综合评估。整个入户评估需要 35 分钟以上的时间。入户评估人员一般应为康复师、社区护士、个案管理师等，主要进行信息采集工作和初步评估，评估结果判定及改造方案制定需要改造专家完成。

4.3.1 评估原则与要求

适老化改造需求的入户评估综合性较强，在实际评估时应当遵循以下原则：

综合性原则：从老人生活能力、现有住宅环境、康复辅具需求、家庭支持能力等方面立体捕捉改造需求。

时效性原则：把握需求时效性，设计要有预见性、可持续性、发展性。

定性与定量相结合的原则：为有效开展入户评估，需要采用沟通交流和实际测量相结合的原则，将客观因素和主观判断融合起来，借助各种手段得到准确信息。

入户评估人员要具有跨学科的知识背景、专业性评估工具与方法、临场变通解决能力等多个方面，以确保评估的质量与效果。要求他们具有：

①通用能力。具有沟通能力，能够和老年人及其家属顺畅交流并达成共识。

②专业能力。具备以下能力之一或具备健康护理基本常识：有建筑设计或室内设计专业训练经历，擅长适老化设计；了解适老化改造工程及装修知识；了解老年辅具使用适配知识。

③通过适老化评估师培训考试，持证上岗。

4.3.2 评估的基本内容

入户评估以自评为主，他评为辅。适老化改造入户评估的内容清单包括：基本信息、基本健康情况、居家环境适老化问题、客户目标、居家环境实测以及照护信息等方面。

（1）基本信息

老年人基本信息包括姓名、住址、联系方式等。基本信息还应采集除老年人之外的一位联系人的基本信息。此外，还需要填写评估者基本信息、协同完成评估的专业人员身份以及客户来源渠道等信息。

（2）基本健康情况

基本健康状况主要包括四项内容：

①基本身体情况，包括：年龄、身高、体重、性别等。

②既往病史及功能障碍情况，如既往的健康水平和过去患病情况。

③辅助器具使用情况，如当前使用辅具的种类、型号、尺寸等。

④老年人能力自评。可采用自评的方法，让老年人自评完成某项动作的困难程度，并同时填写完成该动作是否需要辅助器具。

（3）居家环境适老化问题

同样是采用自评方法，让老年人自评在住宅的各个区域中，利用居家环境进行各项日常生活活动时，有无困难，是否需要协助以及辅具使用情况等。

（4）客户目标

该部分主要与客户的改造意愿相关，分为以下几个步骤：

①根据居家环境评估，明确住宅中存在的问题和对应的区域。

②在第一步圈出的这些区域里，让老年人自评改造的急迫程度，分别为“立刻改造”“尽快改造”“可以等一段时间再改造”以及“不需要改造”。

③结合居住者的意见，明确需改造点的优先级。

（5）居家环境实测

根据改造优先级，对居住环境进行实地测量，了解待改造房屋具体现状。搭建实测评估系统时，应注意对评估过程的规范化指引。多利用图片，明确不同的功能区的测量内容及测量方式，让即使是完全没有建筑学背景的人也能一眼就看懂。这样不仅降低了对评估者资质及学科背景等方面的要求，也保证了测量的标准化程度，为专家进一步根据评估中所采集的信息制定合理科学、可执行性强的适老化改造方案打下了坚实基础。

如果居家环境仅需要小改造（例如安装扶手等），“居家环境实测”部分可以适当省略。

（6）照护信息

为使改造后的环境更好地服务居住者，应明确居住者对照护服务和健康管理的需求，补充实测评估中没能体现出的信息，以在设计中进行康养方向的支持。该部分还要求健康专业人员列出将为客户（老年人）提供的专业服务，包括功能训练、辅具配置、医疗器械使用等方面。

4.3.3 评估的方法和工具

在评估过程中，需要使用相应的量表和测量工具。我们以北京市为例，按《北京市老年人家庭适老化改造需求评估与改造实施管理办法（试行）》，列出五个方面的评估内容。

①身体状况评估如图 4-4（a）所示，包括日常生活能力评估、感知觉评估、精神状态评估、已确诊疾病及意外事件、行为习惯。

②康复辅助器具需求评估图 4-4（b）所示，包括助餐辅助、助行辅助、如厕辅助、洗浴辅助、感知辅助、康复辅助、照护辅助等辅具需求情况评估内容。

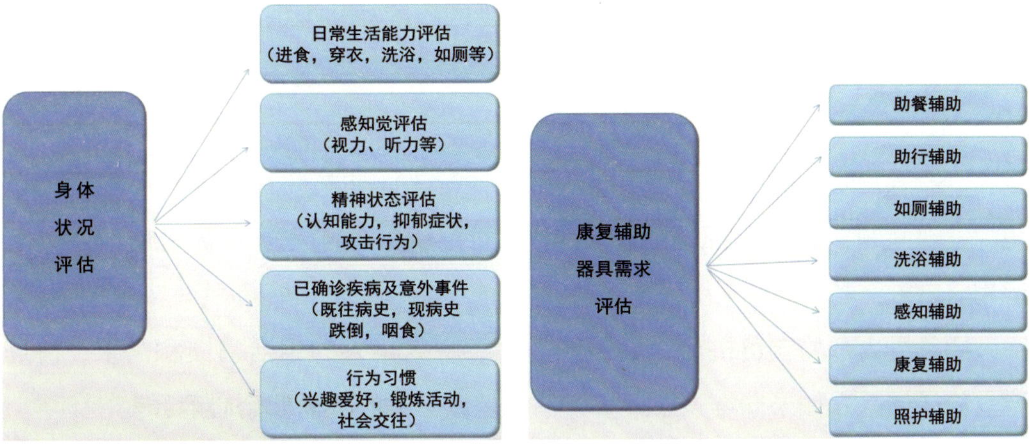

（a） （b）

图 4-4 身体状况和康复辅助器具需求评估

③居室环境评估如图 4-5（a）所示，包括门厅/玄关、客厅、卧室、厨房、卫生间、书房、阳台区域评估内容，确定居室环境是否具备改造施工条件。

④家庭成员评估如图 4-5（b）所示，包括家庭成员状态评估、有无照护者、照护内容、照护时间等内容，确定相关改造项目是否适宜于家庭使用。同时还要征求家庭意愿，包括老年人本人及其家庭成员的主观意愿、客观意愿等内容，确定是否选择相关改造项目。

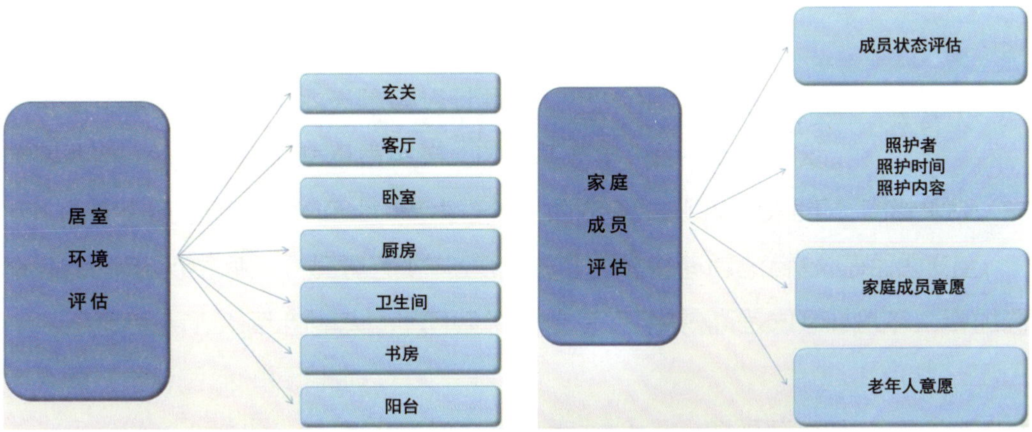

（a） （b）

图 4-5 居室环境和家庭成员评估

⑤政策评估，包括老年人当年应享受的养老政策类型、已享受的养老政策

等内容，重点评估在适老化改造中应该享受的政策补贴类型与标准。

4.3.4 上门评估工作要求

一般入户时，面对居室环境比较乱的情况，评估员要在纷乱和不熟悉的环境中发现问题，要善于抓重点、要点，对评估表中的问题理解透彻，能灵活运用。

要珍惜入户的宝贵机会，尽可能多地了解老年人的生活习惯和需求，快速建立信任关系。如果老年人不理解评估员是做什么的，需要耐心解释。

居家环境的问题和适老化对策要在实践中不断总结完善，需要评估员做个有心人，详细记录环境情况和老年人的特征。

时间不宜太长，以控制在1小时内为宜。要分工明确，一人拍照测量，另一人询问并记录。如果一个人有遗漏或现场不太清楚的地方，事后通过两个人核对整理清楚，不允许出错。

给老年人或老年人家属指出家里存在的主要问题，提出改造建议，耐心讲解，并听取老年人及其家属的意见，争取现场达成共识。

一定要带好介绍资料、产品目录、评估量表、测量工具，穿鞋套、穿工装、戴工牌，注意和老年人交流的礼貌用语。离开时请老年人或代表人签字确认。

4.3.5 老年人居家环境的评估要点

（1）老年人健康状况评估要点

在开展评估时要记录老年人的自理能力、行走情况、患病情况和是否有跌倒经历，并判断对象是高龄老年人、介护老年人、失能老年人、失智老年人中的哪一类。

（2）整体环境评估要点

①空间对于使用辅具或搀扶行走是否满足通过性？

②日常活动路线是否合理，沿线是否安全？有没有高差？

③家中各房间是否有防跌防撞保护措施？

④家中各房间地面材料是否防滑？

⑤家中是否有紧急呼叫报警设备？

⑥室内照明强度是否适中、柔和且明亮，能否方便老年人看清楚？

⑦有没有安装双联双控开关和夜间感应照明，是否便于老年人起夜？

⑧家中卫生状况如何？物品收纳是否整洁？

⑨桌椅沙发等家具是否适合老年人使用，既安全又舒服？

⑩供暖期前两周及停暖期后两周是否具备有效取暖措施？

⑪现有装修是否采用达到国家标准的绿色环保材料？

⑫有没有空气净化装置和水净化设备？

⑬家中是否种植绿色植物？

（3）卫生间安全评估要点

①洗浴空间是否有干湿空间分隔？

②洗浴空间、马桶及洗手盆是否设有安全防跌倒扶手？

③老年人能不能坐下来洗澡，如需帮助是否有足够空间？是否有坐式马桶？是否方便老年人日常如厕冲洗？

（4）卧室安全评估要点

①老年人卧室是否隔音良好，睡眠是否不被打扰？通风如何？

②床的摆放位置是否恰当？是否适合双面护理？

③床的高度、强度是否支持安全上下床？有没有扶手？

④床头是否安装呼叫系统？

（5）厨房餐厅安全评估要点

①操作台高度是否适中，方便老年人操作？

②橱柜把手以及吊柜高度是否方便老年人拿取物品？

③厨房储物是否有足够的空间，橱柜是否分隔合理，餐厨用品是否分类收纳？

④餐厅是否有适老化桌椅，高度尺寸是否方便制作食物、家务操作和日常就餐？

（6）客厅/起居室、门厅/玄关、储物间、走廊、阳台等安全评估要点

①客厅与厨房、阳台、老年人卧室、卫生间是否有洄游动线（加强视线交流与声音穿透）？

②门厅是否可以坐下来换鞋，有组合鞋柜以放置鞋子、雨具、手袋、大衣等物品？

③储物空间是否设置合适，动线合理，分隔合理，能够分类收纳家内杂物？

④阳台内外是否没有高差，方便老年人行走通过，且有合理的晾晒空间和设备？

4.3.6 老年人居家“防跌倒”评估

防跌倒是适老化改造的一项核心内容。为此，我们这里专门介绍老年人居家跌倒的风险评估内容。老年人居家安全“防跌倒”措施的效果评估内容如图 4-6 所示。

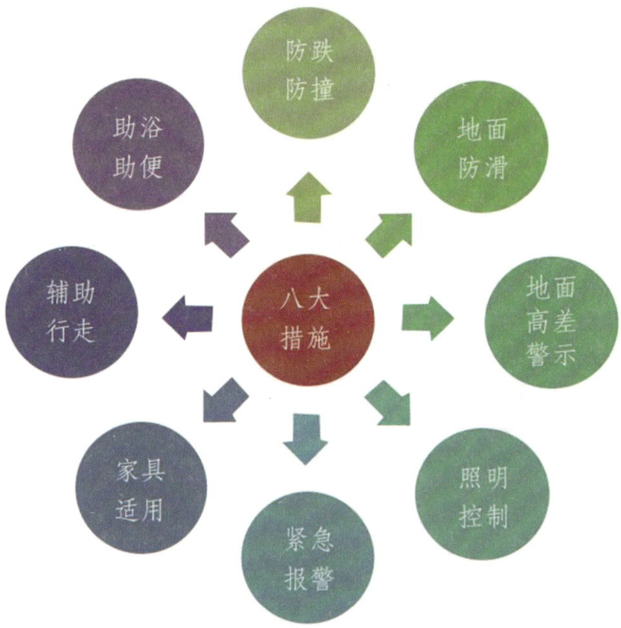

图 4-6 老年人居家安全“防跌倒”措施

（1）防跌防撞评估

观察老年人家中各个空间是否装有帮助其起卧立行的扶手，同时要就墙体是否能够安装扶手进行评估。

（2）紧急报警评估

评估老年人家中是否有室内燃气报警器及向子女报警的报警器，能够让老年人遇到危险时第一时间做出应对。

（3）地面高差警示评估

评估老年人家中是否存在过门石、突出门框及其他地面高低不平的情况，根据不同情况进行必要的警示提醒。

（4）地面防滑评估

评估老年人家中卫生间、厨房、卧室、客厅等区域的地面是否使用防滑材质，根据不同状况进行处理。

（5）照明控制评估

评估要点包括：光效是否明亮柔和、开关是否联动、是否有夜间自动感应灯。根据实际评估结果改善照明环境。

（6）家具适用评估

评估老年人家中的家具是否安全舒适易用，是否有棱角，是否有保护和助力扶手，门口是否有换鞋凳等。

（7）辅助行走评估

首先根据老年人身体情况，评估是否需要借助助行器行走。其次进行环境支持评估，考虑空间上对于轮椅、拐杖、护理辅行等不同设备的通过性需求。

（8）助浴助便评估

根据老年人身体状况和卫生间空间情况，评估老年人洗澡和如厕安全性。鼓励老年人养成坐姿洗浴的习惯。

4.3.7 适老化改造需求评估量表

如表 4-2 我们给出进行入户评估的各项量表，可供在实际工作中参考。

表 4-2　××市适老化改造需求评估量表

<table>
<tr><td>编号</td><td colspan="5"></td></tr>
<tr><td>姓名</td><td></td><td>性别</td><td></td><td>联系电话</td><td></td></tr>
<tr><td>出生年月</td><td colspan="2"></td><td>身份证号码</td><td colspan="2"></td></tr>
<tr><td>居住地址</td><td colspan="5">__________县（区）__________街道</td></tr>
<tr><td>居住情况</td><td colspan="5">□独居　□偶居　□与子女同住　□孤寡　□其他</td></tr>
<tr><td>住宅类型</td><td colspan="5">□低层住宅　□多层住宅　□中高层住宅　□高层住宅　□其他</td></tr>
<tr><td>屋龄</td><td colspan="2">______年</td><td>65 岁及以上老人人数</td><td colspan="2">______位</td></tr>
<tr><td>联络人</td><td colspan="5">姓名__________　关系__________　联系电话__________</td></tr>
</table>

<table>
<tr><td colspan="2">**一、身体状况评估**</td></tr>
<tr><td colspan="2">家中是否有行动不便的人：□无　□有（　）位</td></tr>
<tr><td>自理能力</td><td>□完全自理　□基本自理　□轻度依赖　□完全依赖</td></tr>
<tr><td>健康情况</td><td>现患有疾病
□心脏病　□高血压病　□低血压　□糖尿病　□痛风
□胆固醇　□白内障　□帕金森症　□骨质疏松
□支气管哮喘　□老年痴呆　□风湿性关节炎
□中风　□其他</td></tr>
<tr><td>曾经在家中跌倒过的案例</td><td>□无　□有（原因）</td></tr>
<tr><td>进食</td><td>□完全自理　□基本自理　□轻度依赖　□完全依赖</td></tr>
<tr><td>穿衣：包括扣纽扣、拉链及穿鞋</td><td>□完全自理　□基本自理　□轻度依赖　□完全依赖</td></tr>
<tr><td>仪表：洗脸、梳头、剃须</td><td>□完全自理　□基本自理　□轻度依赖　□完全依赖</td></tr>
<tr><td>洗浴</td><td>□完全自理　□基本自理　□轻度依赖　□完全依赖</td></tr>
<tr><td>如厕</td><td>□完全自理　□基本自理　□轻度依赖　□完全依赖</td></tr>
<tr><td>走动（可用助行器）</td><td>□完全自理　□基本自理　□轻度依赖　□完全依赖</td></tr>
<tr><td>上楼梯</td><td>□完全自理　□基本自理　□轻度依赖　□完全依赖</td></tr>
<tr><td>视力</td><td>□疼痛　□溢泪　□发痒　□水肿　□视力减退
□使用助视器：远视、近视镜</td></tr>
<tr><td>使用电话</td><td>□能自己打电话　□能拨熟悉的电话　□能接但不能打电话
□不能使用电话</td></tr>
<tr><td>服药能力</td><td>□能主动准确服药　□能服用准备好的药物　□不能正确服药</td></tr>
</table>

续表

听力	□听力下降 □使用助听器 □异常分泌物 □耳鸣 □眩晕
鼻部	□流涕 □异常分泌物 □鼻出血 □疼痛 □嗅觉异常 □鼻塞
口/咽喉	□疼痛 □溃疡 □嘶哑 □吞咽困难 □牙龈出血 □味觉迟钝 □龋齿 □义齿 □打鼾
意识状况	□清醒 □嗜睡 □模糊 □浅昏迷 □深昏迷
情绪表现	□平静 □不安 □急躁 □激动 □忧虑 □冷漠
决断与认知	□独立，合理并一贯性 □需要他人提示或指引 □不能做任何决定
参加的社会活动类型	□公园 □老年活动站 □老年大学 □其他（注明）
二、家庭成员评估	
子女是否在当地工作	□是 □否
紧急情况能否联系到直系亲属	□是 □否
与家庭成员情感关系	□亲密 □良好 □一般 □冷淡
有无照护者	□无 □有（ ）位
照护者是否有照护经验	□无 □有，会日常护理 □有，会专业级护理
照护内容	□进食 □穿衣 □仪表 □洗浴 □如厕 □走动 □服药 □其他
照护时间	□全天 24 小时 □半天 12 小时 □上午 6 小时 □下午 6 小时 □不固定
三、养老政策评估	
享有适老化改造政策补贴	□无 □有
享有养老（助残）服务补贴	□无 □有
医疗费支付方式	□自费 □半自费 □劳保 □公费 □社会保险

续表

<table>
<tr><td>老年教育</td><td colspan="4">□老年大学 □老年人图书馆 □日间照料 □老年活动中心
□社区科普活动</td></tr>
<tr><td colspan="5">四、居家环境评估
请在对应的分数一栏内打钩，分值越高，整体安全性及舒适性越好。</td></tr>
<tr><td rowspan="2">（一）整体居家环境</td><td colspan="3">分数</td><td>备注</td></tr>
<tr><td>1</td><td>2</td><td>3</td><td>不好（1 分） 普通（2 分） 良好（3 分）</td></tr>
<tr><td colspan="5">整体居家环境安全性及舒适性评估合计 19 个测量项，总分值为 57，单项评估未达最高分，则需要进行相对应的适老化改造。</td></tr>
<tr><td>1. 光照够明亮，方便老年人看清屋内物品及家具、通道等位置</td><td></td><td></td><td></td><td>白天需要开灯光才够明亮（1 分）
白天需要开灯光才够明亮，但通常不开灯（2 分）
白天不需要开灯，照光就够明亮（3 分）</td></tr>
<tr><td>2. 屋内的电灯开关都有明显的特殊设计（例如：有开关外环显示灯或萤黄贴条）</td><td></td><td></td><td></td><td>无明显特殊设计（1 分）
有明显特殊设计（3 分）</td></tr>
<tr><td>3. 光线强度不会让老年人感到眩晕或看不清物品位置</td><td></td><td></td><td></td><td>光线较弱，看不清物品（1 分）
光线较强，使人感到眩晕（2 分）
光线强度适中，使人眼睛舒适且能看清楚物品（3 分）</td></tr>
<tr><td>4. 若有小地毯，小地毯内有牢固的防滑地垫</td><td></td><td></td><td></td><td>无牢固的防滑地垫（1 分）
有牢固的防滑地垫（3 分）</td></tr>
<tr><td>5. 地板铺设不反光且防滑的材质</td><td></td><td></td><td></td><td>铺设反光且不防滑的材质（1 分）
铺设不反光或防滑的材质（2 分）
铺设不反光且防滑的材质（3 分）</td></tr>
<tr><td>6. 走道装设有扶手或安全绳可协助老年人行动</td><td></td><td></td><td></td><td>未设有扶手或安全绳（1 分）
设有扶手或安全绳（3 分）</td></tr>
<tr><td>7. 家具（椅子、茶几等）足够坚固，可倚靠它，协助行动时可以提供支持</td><td></td><td></td><td></td><td>不够坚固且不能提供支持（1 分）
足够坚固且能提供支持（3 分）</td></tr>
</table>

续表

8. 家具（椅子、茶几等）边缘或转角处光滑无直角突出（圆弧形），不易绊倒人				尖锐直角，易绊倒人（1 分） 圆弧形，不易绊倒人（3 分）
9. 家中老年人床附近放有移动马桶或者便携式接尿器、插入式便器				没有（1 分） 放有但须有家属辅助完成排泄（2 分） 放有且老年人自己使用（3 分）
10. 家中老年人常使用的椅子高度（质地较硬）可使其容易起身及坐下，并配有扶手以协助移动				椅子高度不适合老年人起身坐下且无扶手（1 分） 椅子高度适合老年人起身坐下并配有扶手（3 分）
11. 家中老年人可以使用助起沙发，辅助老年人起身站立				未曾配有（1 分） 配有助起沙发但须有家属辅助完成站起（2 分） 配有助起沙发且老年人自己操作无障碍（3 分）
12. 老年人所需使用设备（如轮椅、拐杖、半拐杖、辅助车等）都放在固定位置方便使用				设备缺少或损坏（1 分） 未放在固定位置（2 分） 放在固定位置（3 分）
13. 运用对比的素色（非花色、波浪或斜纹）区分门内、楼梯及高度的变化（黄色和白色不易分辨，应避免）				未做对比区分（1 分） 有对比区分（3 分）
14. 无高度与地面落差太大的门槛				落差超过 10 cm 以上（1 分） 落差在 10 cm 以内（2 分） 无落差（0 cm 平的）（3 分）
15. 插座延长线与电线固定				无固定且易绊倒人（1 分） 固定且不易绊倒人（3 分）

续表

16. 门距够宽，可让老年人容易进出				宽度在 90 cm 以下（1 分） 宽度在 90~100 cm（2 分） 宽度在 100 cm 以上（3 分）
17. 门把采用 T 形把手				不采用 T 形把手（1 分） 采用 T 形把手（3 分）
18. 走道宽度维持在 120 cm 以上，并维持畅通（方便轮椅在走道上有回转空间）				宽度在 120 cm 以下（1 分） 宽度为 120 cm（2 分） 宽度在 120 cm 以上（3 分）
19. 地面防滑				防滑效果较差（1 分） 防滑效果良好（2 分） 防滑效果显著（3 分）
（二）卫生间	分数			备注
	1	2	3	不好（1 分）　普通（2 分）　良好（3 分）
浴室安全性及舒适性评估合计 14 个测量项，总分值为 42 分，单项评估未达最高分，则需要进行相对应的适老化改造。				
1. 门槛与地面落差不大，不会让人绊倒				门槛超过 20 cm 以上（1 分） 门槛在 15~20 cm（2 分） 门槛在 10~15 cm（3 分）
2. 地板经常保持干燥				经常潮湿（1 分） 偶尔潮湿（2 分） 地板干燥（3 分）
3. 浴室地板铺设防滑排水垫				未铺设防滑排水垫（1 分） 有铺设防滑排水垫（3 分）
4. 浴室使用洗澡椅				不使用（1 分） 使用且需要家属照护（2 分） 使用且不需家属照护（3 分）
5. 浴缸或淋浴间有防滑条或防滑垫				无防滑条或防滑垫（1 分） 有防滑条或防滑垫（3 分）

续表

6. 浴缸高度低于膝盖				高度>膝盖（1 分） 高度=膝盖（2 分） 高度<膝盖（3 分）
7. 浴缸旁有防滑椅坐着休息				无防滑椅（1 分） 有其他东西可以坐着休息（2 分） 有防滑椅（3 分）
8. 浴缸旁设有抓握的固定扶手可用，且扶手高度 80~85 cm，与墙壁间隔 5~6 cm				未设有扶手（1 分） 设有扶手，但高度或与墙壁间隔不适当（2 分） 扶手高度 80~85 cm，与墙壁间隔 5~6 cm（3 分）
9. 马桶旁设有抓握的固定扶手可用，扶手设置在距离马桶 15~30 mm 的墙壁上且扶手高度 42~45 cm				未设有扶手且高度不适当（1 分） 设有扶手，但高度或距离马桶间隔不适当（2 分） 扶手高度 42~45 cm，距离马桶 15~30 mm（3 分）
10. 洗手台旁设有抓握的固定扶手可使用				未设有扶手（1 分） 设有扶手可使用（3 分）
11. 使用坐式马桶且高度适当，方便老年人起身及坐下				非坐式马桶（1 分） 坐式马桶但高度不适当（2 分） 高度适当，约 40 cm（3 分）
12. 热水器设置在室外通风的地方				设置室内（1 分） 设置室外但不通风的地方（2 分） 设置室外且通风的地方（3 分）
13. 加装夜间照明装置，例如感应式或触控式小灯				未装有夜间小灯（1 分） 装有夜间小灯（3 分）
14. 蹲坑加装坐便椅				未装有坐便椅（1 分） 装有坐便椅（3 分）

续表

（三）卧室	分数			备注
	1	2	3	不好（1分）　普通（2分）　良好（3分）
卧室安全性及舒适性评估合计8个测量项，总分值为24分，单项评估未达最高分，则需要进行相对应的适老化改造。				
1. 夜灯或床侧灯光足够提供夜晚行动				没有留夜灯（1分） 留有夜灯但光度不足够（2分） 留有夜灯且光度足够（3分）
2. 从床到卫生间的通道能无障碍行动（尤其是晚上） ＊卧室放有便器				通道有障碍且影响行走（1分） 通道有障碍不影响行走（2分） 通道无障碍（3分）
3. 床的高度合适（适合膝盖高度，45~50 cm），上下床能安全移动				床的高度低于45 cm或高于50 cm（1分） 床的高度45~50 cm（3分）
4. 床垫边缘能防止下跌，床垫的质地较硬（可以提供良好的坐式支持）				两者均未符合（1分） 能防止下跌或床垫较硬（2分） 能防止下跌且床垫较硬（3分）
5. 地板不滑且平整无突出，不会被绊倒				两者均未符合（1分） 地板不滑或平整无突出（2分） 地板不滑且平整无突出（3分）
6. 老年人能从橱框架上拿取物品，而不需踮脚尖和椅子				需要椅子（1分） 需要踮脚尖（2分） 不需踮脚尖和椅子（3分）
7. 家具及墙壁有特殊防护设计（如铺设软布、转角处装有保护装置）				无特殊防护设计（1分） 有特殊防护设计（3分）
8. 床边放置手电筒与电话（手机）				尚未放置两样东西（1分） 放置手电筒或电话（2分） 放置手电筒与电话（3分）

续表

（四）厨房	分数			备注
	1	2	3	不好（1分） 普通（2分） 良好（3分）
厨房安全性及舒适性评估合计8个测量项，总分值为24分，单项评估未达最高分，则需要进行相对应的适老化改造。				
1. 老年人能够拿到储藏室的东西，不需踮脚尖和椅子				需要椅子（1分） 需要踮脚尖（2分） 不需踮脚尖和椅子（3分）
2. 地板保持干燥不油腻				潮湿且油腻（1分） 潮湿或油腻（2分） 干燥不油腻（3分）
3. 有布制的防滑垫在地上，以吸收溅出的水分及油类				无布制的防滑垫（1分） 其他材质防滑垫（2分） 布制的防滑垫（3分）
4. 厨房设计符合人体工学，操作台的高度不超过79 cm				高度超过79 cm（1分） 高度不超过79 cm（3分）
5. 如果要拿较高的东西，踏脚凳的高度适当，为15~20 cm				高度超过25 cm以上（1分） 高度20~25 cm（2分） 高度15~20 cm（3分）
6. 踏脚凳的踏板无损坏且能防滑				踏板已损坏（1分） 踏板无防滑（2分） 踏板无损坏且能防滑（3分）
7. 踏脚凳的脚架够坚固而无磨损				脚架已损坏（1分） 脚架不够坚固（2分） 脚架够坚固且无磨损（3分）
8. 照明充足，尤其是在夜间留有一盏小灯				照明不足且未留小灯（1分） 照明不足或未留小灯（2分） 照明充足且留有小灯（3分）

续表

<table>
<tr><td rowspan="4">居家环境安全评估情况</td><td>整体</td><td>□1 分　□2 分　□3 分</td></tr>
<tr><td>浴室</td><td>□1 分　□2 分　□3 分</td></tr>
<tr><td>卧室</td><td>□1 分　□2 分　□3 分</td></tr>
<tr><td>厨房</td><td>□1 分　□2 分　□3 分</td></tr>
<tr><td colspan="3">五、康复辅助器具需求评估</td></tr>
<tr><td>助餐辅助</td><td colspan="2">□喂食器　□软勺</td></tr>
<tr><td>助行辅助</td><td colspan="2">□助行器　□拐杖　□轮椅</td></tr>
<tr><td>如厕辅助</td><td colspan="2">□坐便器　□接尿器　□接便器（便盆）　□扶手</td></tr>
<tr><td>洗浴辅助</td><td colspan="2">□沐浴椅　□洗头盆　□洗浴床　□扶手</td></tr>
<tr><td>感知辅助</td><td colspan="2">□老年人放大镜　□助听器</td></tr>
<tr><td>康复辅助</td><td colspan="2">□上下肢康复训练器　□穿衣板　□OT 桌　□PT 床
□康复脚踏车</td></tr>
<tr><td>照护辅助</td><td colspan="2">□护理床　□褥疮垫　□床边桌　□转移板　□移位器
□尿垫　□口腔清洁刷</td></tr>
<tr><td>智能辅助</td><td colspan="2">□智能家居系统　□紧急救援呼叫系统　□远程监控系统</td></tr>
<tr><td>用户对居家环境安全有何需求</td><td colspan="2">整体：□过道扶手　□防滑地垫　□安全护角　□家具挪移
□线路整理　□安全门把
卫生间：□坐便器　□组合扶手　□防滑垫　□沐浴辅具
□夜间照明灯
卧室：□床旁辅助　□防撞垫　□夜间照明灯
厨房：□防滑垫　□防滑凳　□夜间照明灯
其他：</td></tr>
<tr><td>居家环境适老化安全改善建议</td><td colspan="2"></td></tr>
</table>

居家环境适老化改造需求评估总结及改善措施：

____

____

____

____

____

工作人员（签名）：

备注：

1. 本资料仅用于适老化改造需求评估；

2. 上述量表中各项后面都有相应的分值，将各项分值相加，得分总值越大，说明居家环境越安全，反之则表明居家环境越需要改善；

3. 上述各项评估指标中，凡是单项评估未达最高分的均为需要改善选项。

4.4 适老化改造实施方案设计

4.4.1 整体设计规划

适老化方案应做到安全性、舒适性、适应性、经济性的统一；在设计时要针对性地结合老年人个体特征、房屋户型，做出因人、因地制宜的改造方案。结合第三章内容，重点关注以下方面。

①无障碍设计：采取无障碍设计措施，包括平整的地面、宽敞的通道、无障碍坡道、扶手和楼梯防滑措施等，以方便老年人的行动和移动。

②安全保障设计：在设计中考虑老年人的安全，例如安装扶手、防滑地板、安全门锁、照明设备和火灾报警系统等，确保老年人的安全和防范意外事故的发生。

③照明设计：设计合理的照明系统，使房间明亮且没有阴暗角落，增加老年人的视觉舒适性和便利性。

④楼梯和电梯设计：对于楼梯，可以添加扶手、防滑措施和明显的标识；对于电梯，应考虑尺寸的适宜、按键易操作，并配备合适的声音提示等，方便老年人的上下楼。

⑤卫生间改造：设计带扶手的厕所、适合使用坐式或浴缸无障碍入口的浴

室，并配备防滑地板和人性化的洗漱用品存放设施，提高老年人在卫生间的安全性和便利性。

⑥厨房改造：设计低台面、易操作的厨房设施，以及符合人体工程学的把手和开关。增加燃气泄露警报器和火灾灭火设备等安全设施。

⑦床和座位设计：选择高度适中的床和座位，方便老年人起床和坐下，同时提供舒适的床垫和靠背。

⑧智能化改造：应用智能技术，例如紧急呼叫系统、安防监控、自动照明和温度控制等，提供更便捷和智能化的居住环境。

用图文并茂的形式将主要设计以及必要的细节直观准确地呈现出来。如图4-7所示，展示出一个两室两厅的适老化改造设计图。

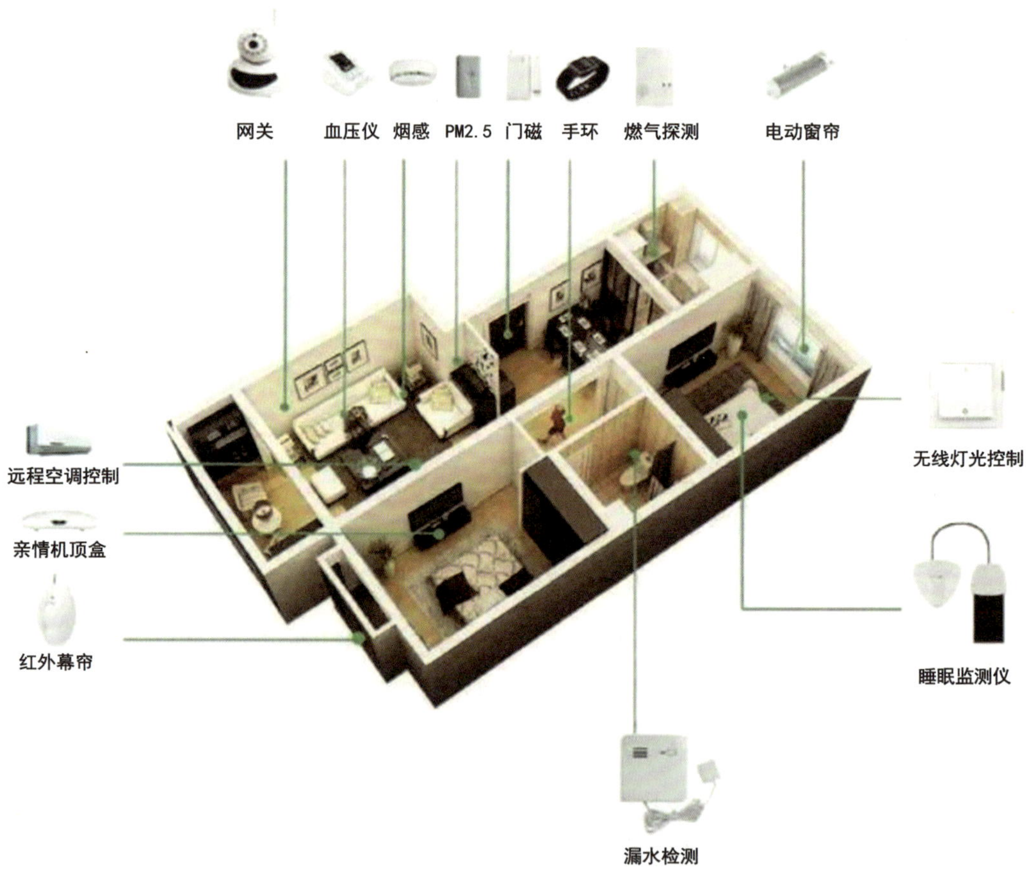

图 4-7　适老化改造规划设计图

资料来源：https：//baijiahao. baidu. com/s？ id＝1771183346973989629&wfr＝spider&for＝pc。

4.4.2 材料计划

家中各区域进行适老化改造必然需要一些设备和原材料，表 4-3 所示是一种针对卫生间区域辅助器具的材质、规格和数量要求。此外，改造对象还包括：门厅/玄关、厨房、客厅/起居室、卧室和阳台等。如客厅家具边缘圆滑处理，通道安装扶手，安装舒适的按摩椅、电动轮椅等，卧室安装起身板、翻身器、褥疮垫等。相应所需要的设备和原材料均以表格的形式明确列示出来。不确定的数据均要与客户协商确定。

表 4-3 适老化改造卫浴部分辅助配置

类型	产品名称	材质	规格	数量
舒适型	防滑垫	PVC	100 cm×100 cm	4
	马桶	PP 板	连体式	1
	多功能扶手	不锈钢	视具体环境	若干
	坐便器扶手	不锈钢	750 mm×600 mm×600 mm	1
	带扶手洗澡椅	铝合金	靠背扶手	1
	洗手盆扶手	不锈钢	600 mm×130 mm×600 mm	1
时尚型	防滑地砖	陶瓷	80 cm×80 cm	若干
	坐便椅	PP 板	连体式	1
	多功能扶手	不锈钢	视具体环境	若干
	坐便器扶手	不锈钢	750 mm×600 mm×600 mm	1
	上翻式淋浴座椅	不锈钢	靠墙	1
	洗手盆扶手	不锈钢	600 mm×130 mm×600 mm	1
标准型	塑胶地面	PE/PVC	100 cm×100 cm	4
	智能马桶	ABS 树脂	连体式	1
	多功能扶手	不锈钢	视具体环境	若干
	坐便器扶手	不锈钢	视具体环境	1
	亲和皮肤折叠式洗澡椅	EVA、铝合金	靠背扶手	1
	洗手盆扶手	不锈钢	视具体环境	1

4.5 适老化改造工程的实施及售后

4.5.1 合同签订

适老化改造实施方案经过申请方和实施方双方认可后，以合同或者其他文书的形式确定下来，约定好双方的责任和权利，包括时间、工期的约定，设计图的呈现、交流和协商等，作为后续改造实施的指导，特别是确定将来的验收标准以及费用。合同签订完毕后按合同严格执行。

4.5.2 工程实施

高品质的适老化改造来自规范的施工流程、施工工艺以及严格的质量标准，确保所有施工过程的规范性和均好性。施工过程中，应严格按照国家标准、行业标准，进行严格的全程质量管理。施工环节是设计的落地，是整个改造工程中时间最长、项目难度最高的部分，每一处细节的施工质量都决定了最终的整体效果。主要包含三个环节：

①施工准备：准备所需的材料、设备和人力资源，并制订施工计划和时间表。确保施工过程中的安全措施和质量管理。

②施工进行：按照设计方案进行施工，包括拆除、改造、安装设备、调试等。确保施工质量和进度控制。

③项目监管：安排专业人员对施工过程进行监督和质量检查，确保施工符合设计要求和相关标准。

适老化改造项目开始实施后，要执行一系列的中间环节，具体要点包括：

①对进场原材料验收。

对所有进场材料进行严格验收，内容包括：品牌一致、规格齐全、质量过关。对于存在质量问题的材料，一律不准使用。

②对施工环节的控制。

确认是否按适老化改造的工程技术规范执行，是否按评估的改造方案内容进行施工。

③对施工工期的控制。

适老化改造的工期直接影响老年用户的利益，改造施工方应履行好职责，合理控制好工期。在保证施工质量的前提下尽快完工。

④对改造质量的控制。

定期对施工质量进行监督和检查，确保工程质量，一般包括水电工程、土木工程、泥瓦工程、辅具配适等。

⑤在施工过程中，细化责任，对每一项工程的责任人及施工人员备案记录，在工程验收结算后将联系表存档，以备后期维护之用。

⑥装修进度及时通过微信平台以多种形式随时反馈给老年人及其子女，进行良好互动，听取他们意见，及时发现并修正问题，确保效果。

4.5.3 验收

改造完成后，要通过适当的验收程序确保适老化改造已正确并完整实施，确认工程得到用户的认可，具体包括：

（1）符合设计方案和规范

适老化改造的设计方案和施工规范将直接影响工程的完成情况和质量，因此在验收过程中，首先要检查是否符合相关设计方案和规范。对施工前、施工中和施工后的相关文件和证明材料进行审查，包括工程图纸、合同文件、验收报告等，以确保项目符合相关要求和法规。

（2）适用性和实用性

充分考虑到老年人的特殊需求，适老化改造在整体方案的设计上需要具有较好的适用性和实用性。验收时需要考核设计方案和改造效果。

（3）安全性

老年人通常身体机能下降，动作不灵敏，因此，在适老化改造中，安全性能指标尤为重要。包括安装扶手、防滑处理、开关等老年人使用的设施和相关装置。

（4）设备和设施的质量及使用效果

适老化改造涉及环节较多，除安装高龄人士专用的设备和设施外，还需考虑新旧设施如何相容；老年人日常活动能否顺利进行。验收时要检测设备和设施的质量，并观察新、旧设施之间是否存在冲突。

（5）布局合理

适老化改造需要严格按照标准进行设计和施工，必须考虑到老年人的特定需求，快速安全的应对老年人紧急情况。在验收阶段，应该检查室内布局不同模块之间的连接和通道是否合理，避免老年人在行动中受伤。

（6）用户满意

与实施适老化改造项目的老年人及其家属进行交流和访谈，了解他们对项目效果和服务质量的满意度，并根据反馈做出相应的调整和改进。

适老化改造的验收流程主要包括以下几个步骤：

①验收前准备。在进行适老化改造验收前，需要对改造工程进行全面检查，确保改造工程符合设计要求和国家标准。

②验收过程。适老化改造验收过程中，需要对改造工程的安全性、便利性、舒适性和社交性进行全面检查，确保改造工程符合验收标准。

③验收结果。根据适老化改造的验收标准，对改造工程进行评估，确定验收结果。

④验收报告。根据适老化改造的验收结果，编制适老化改造验收报告，反映改造工程的验收情况。

施工改造、辅具配备等工作完成之后，工作人员应具有现场培训老年人、老年人家属或其他家庭照护者的能力，具体包括基本操作、日常维护、保养等知识，使受训人员能独立使用，处理常见故障以及进行日常维护，并留下紧急维修电话。

4.5.4 售后服务

适老化改造项目施工完成后就应转入售后服务。售后服务可以概括为三个服务：①及时服务；②跟踪服务；③超质服务。做到三个时间点上的跟踪反馈：一周内、三个月后、半年后，收集顾客意见和反馈，做好质量保障工作。具体细节如下：

①对每个家庭开展售后服务跟踪，并统一建立售后服务跟踪联系表，对客户定期进行回访并详细记录。

②验收合格后一周内进行电话回访，收集老年人及其家人反馈信息。

③验收合格三个月后进行电话回访，跟进质保工作，修补不足之处。

④如有急修项目（水、电等）可拨打24小时服务热线，在最短的时间内派专人到现场。正常报修，48小时内上门服务；紧急报修，立即解决；一般性问题，12小时内解决；特殊问题，需要与适老化改造家庭协商时间。

⑤康复辅助器具知识讲解。全国老年用品种类成千上万，即使是同一辅助器具，根据不同身高、体重、身体健康情况，也会选择不同的类型和尺寸，如何更好地利用辅助器具，要求老年人对辅助器具需要一定程度的了解。施工方要定期给老年人讲解各类辅助器具的知识，提升老年人的医疗知识储备，让老年人有效预防或减少生活中的不便，提高生活质量。

4.6 本章小结

本章我们介绍了适老化改造的基本流程。按照项目管理要求，适老化改造流程一般包括了需求管理、上门评估、方案设计与报价、签订合同、改造实施、施工验收、支付款项和售后服务等基本内容。

首先，由需求方向适老化项目的提供方提出申请，然后由项目的提供方通过需求受理。

适老化改造申请受理后，由受理方指定第三方或项目实施方进行适老化改造专业评估。通过专业评估可了解老年人的实际需求与居家环境的实际状况，这需要对提出申请的适老化改造项目家庭进行入户评估。专业评估的内容清单包括：基本信息、基本健康情况、居家环境适老化问题、客户目标、居家环境实测以及照护信息等方面。在评估过程中，需要使用相应的量表和测量工具。

在专业评估的基础上，项目实施方应制定实施方案，适老化实施方案应做到安全性、舒适性、适应性、经济性的统一；在设计时要针对性的结合老年人个体特征、房屋户型，做出因人而异、因地制宜的适老化改造实施方案。

需求方和项目提供方双方签订合同开始项目实施，高品质的适老化改造来自规范的施工流程、施工工艺以及严格的质量标准，确保所有施工过程的规范性和均好性。施工过程中，应严格按照国家标准、行业标准，进行严格的全程质量管理。

适老化改造项目施工完成验收后就应转入售后服务。售后服务包括了及时服务、跟踪服务和超质服务。并在一周内、三个月后、半年后，多个节点主动收集顾客意见和反馈，做好质量保障工作。

第5章 适老化改造的重点环节与参考标准

随着老龄化时代的飞速到来，大量老年人将在家中度过晚年。为适应广大老年人居家养老需求，让老年人的居家养老更安全、舒适、便利，让老年生活品质得到提升，适老化改造项目应运而生。前面章节介绍了适老化改造项目的主要内容以及适老化项目的管理流程，但是在实践中，除了应统筹考虑老年人的需求和进行全方位的综合设计和处理之外，还应特别关注老年人居住环境的重点部位、细节处理并满足一定的标准要求。本章将介绍适老化改造项目的重点环节以及相应的参考标准。

5.1 住宅适老化改造项目的重点环节与参考标准

居家养老作为中国当下和未来主流的养老模式，老年人的居家环境亟待实施适老化改造以提升老年人的居住体验，适老化改造在满足安全性、便利性、舒适性、适用性和经济性的同时，特别需要注意对一些关键部位的处理，并且确定处理满足一定的标准。

5.1.1 住宅出入口等关键部位的无障碍处理重点与标准

大多数旧有住宅，由于不同的空间结构处理差异或地面铺装材料的不同，会使得地面交接处出现高度差，如卫生间入口、厨房入口、阳台入口等部位，这些高度差不仅破坏老年人通行的顺畅，更重要的是存在很大的安全隐患，容易造成老年人磕绊、摔伤等情况。在适老化改造时，应尽量消除这些高度差。例如：施工时可以调整面层厚度来避免不同铺装材料间的高度差，对于卫生间、厨房和阳台处的过门石或地面压条，可通过对其进行抹圆角或八字脚等方法处理好过渡关系。另外，在存在高度差处，应用醒目标注如颜色区别等进行提醒。

住宅内部的通道设置应从方便轮椅、行李车、手推车通行等多角度考虑，进行无高差处理或斜坡平滑处理，如图 5-1 所示。保障轮椅进出空间，通行宽度不能小于 80 cm，建议大于 120 cm。

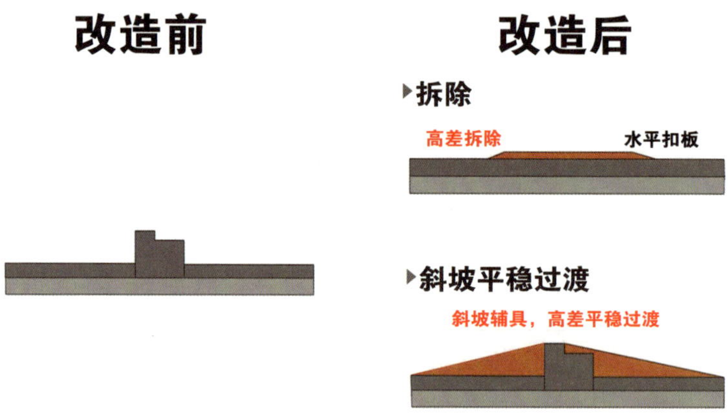

图 5-1　地面高差处理

室内与室外连结的台阶应尽量平缓，同时补充坡度平缓斜面。台阶踏步踢面高不宜大于 130 mm，踏面宽不应小于 320 mm。坡道坡度不宜大于 1：12，即使在极困难条件下坡道坡度也不宜大于 1：8。若坡度大于 1：8，应限制轮椅通行或采用通行辅助设施。应在坡道两端留足 1.50 m 以上的空间，供轮椅进行缓冲。坡道侧面临空时，除了加装栏杆，也应在坡道边缘设置凸起的小档台，高度应超过 50 mm。坡道、楼道应连续设置扶手，扶手安装牢固、持久，同时兼具易握性。

无障碍入口和轮椅通行平台应设雨棚。地面应尽可能平坦无积水，同时使用浸水后仍防滑的材料。排水沟应配水沟盖，且水沟盖不可妨碍轮椅通行。

老年人由于行动不便，大部分活动时间和活动空间都局限在家里，而老年人身体功能衰退，行走或起身比较困难。因此需要在关键部位安装扶手和安全抓杆，例如，卫生间、浴室或通道安装无障碍扶手（如图 5-2），可以方便老年人行动，避免或减少滑倒和摔倒。无障碍扶手要注意选材，如表面为 PVC、ABS 材质，抗菌、防腐、防火且易清洗；内部结构是铝合金，防撞、抗击、稳固。一般通道处安装的扶手，扶手内侧与墙面的距离以 40 mm 以上为宜。

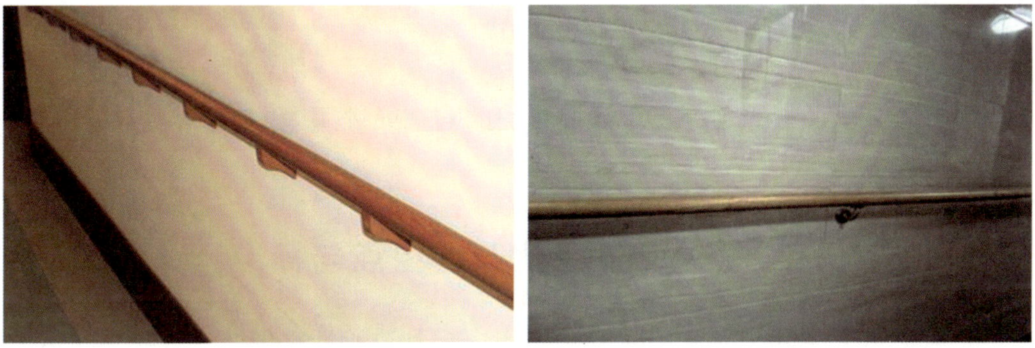

图 5-2 墙体安装扶手，便于老年人行走时把扶

除了上述部位外，其他的重点部位还包括：

（1）走廊宽度设置

考虑轮椅和行人并行通过，因此宽度不应小于 1.2 m。

（2）设置连续扶手

满足无障碍要求的单层扶手的高度应为 800~850 mm；设置双层扶手时，上层扶手高度应为 800~850 mm，下层扶手高度应为 650~700 mm。扶手离墙面大于 40 mm 为宜。宜设圆杆横向扶手，扶手端部向下方或墙壁方向弯曲。

楼梯两侧应设扶手。坡道、台阶、楼梯两侧设高为 850 mm 扶手，从三级台阶起设置。扶手起点和终点延伸应大于 300 mm，扶手内侧与墙面距离应为 40~50 mm。楼梯的踏面和踢面颜色应有区分和对比，不应采用无踢面和突角踏步。过道一侧或两侧应设 800~850 mm 高的扶手。

（3）门窗不应妨碍通行

门、窗的开启扇不应妨碍通行，比如门可设计朝外开，室内门可考虑设计成推拉门或折叠门等。

（4）无突出的墙壁

墙壁转角部分作圆角处理。除扶手外，墙壁上无凸出物。消火栓埋入墙里。扶手做连续性处理及转角圆角处理。灭火器、留言板等的摆放不应妨碍走廊通行。

（5）光线充足的照明设计

充足照明，减少不同房间的亮度差。必要时在适当的地方设置低位壁灯，如卫生间入口、台阶处。

（6）开关的设置合理

建议使用大面板开关，易于操控；长的回廊或进深大的房间，应在不同位置设多个开关。

5.1.2 门厅/玄关的适老化改造重点与标准

门厅是外部空间和私密单元的转折点，起到过渡性功能。在住宅中，入户门厅所占面积虽然不大，但使用频率较高。门厅是许多动作的发生处：开关灯、开关门、换鞋、穿脱外衣等。因此，门厅的功能须布局紧凑，动线合理。适老化的入户门厅空间设计通常应遵循以下设计标准。

（1）选择进深小且开敞的门厅形式

进深小且开敞的门厅使活动空间不局促，同时利于间接的自然采光进入。避免多开口门厅，其中汇聚了过多的洄游动线，不利老年人行动。户门开闭应顺畅简易，对平开门可考虑自动关闭装置。门把手拉柄应易于操作，避免采用圆形拉柄。

（2）保证活动的安全方便

门厅应保证活动的安全和便捷，具体包括以下几个方面：

①适当照明和易操作的开关。门厅建议采用侧向柔和自然光；不宜在进门正对面设置采光窗，避免低入射角的光线直接射入眼，造成刺激眩晕。建议采用醒目的开关。

②提供扶靠、安坐的条件。应在门厅为老年人提供坐凳、扶手或扶手代替物，便于老年人安坐和扶靠，如图 5-3 所示。

③合理安排家具布局。通过调整家具布局，优化门厅动线，助力老年人尤其是使用轮椅老年人的门厅活动形成相对固定的程序。玄关处的空间尺寸除去周围家具的净尺寸，至少能保证轮椅的回转半径和照护人员的工作空间。在玄

关设置信息提示板，提醒老年人出门前容易忘掉的事情，减少老年人在记忆衰退方面引起的不便。

④户门门槛高度处理。入户门处通常会有门槛，不利于老年人和轮椅的进出，应尽量消除或将高度差控制在 15 mm 左右。

图 5-3 玄关坐凳

（3）保持视线的通达

通达的视线可维系居住者心理上的安全感。视线不能直接通达时，可以加装镜面来反射。

（4）重视地面材质的选择

门厅地面是内外交界之处，多有泥水、尘土等，便于清洁、防滑防水是对地面材料的要求。门厅地面材质与其他空间不同时，注意材质交接处的平滑性，避免产生高度差。如有地垫，需注意地垫的附着性以避免滑动。

住宅中入户门厅要在有限的空间中实现繁多的使用功能：①准备空间，设置置物台，便于老年人放下手中物品，腾出手找钥匙开门；②更衣换鞋，需设置鞋柜、鞋凳、衣物挂钩、穿衣镜，并应设置扶手或扶手替代物，且有合适的台面放置钥匙、帽子、钱包等随身物品；③与门外来访者的听觉接触和视觉监视。

合理有序地布置家具是门厅设计的重难点。以下是部分家具布局建议。

（1）鞋柜、鞋凳的布置

鞋柜、鞋凳靠近布置，相互垂直构成“L”型最佳。此外，如入户门向内开启，占用一定的门厅空间，则在家具布局时应避开干扰。

鞋柜不必太高，其台面既可置物，又可支撑依凭。

平开门鞋柜单扇柜门的宽度不宜大于 300 mm。过宽的门扇在开启时会占用较多的门厅空间。

（2）衣柜、衣帽架的布置

可根据条件选用衣柜、衣帽间或衣帽架等。

（3）穿衣镜

宜在户门附近设置能照到全身的穿衣镜。镜前区域应有一定的采光，或设置照明灯。为防止意外撞碎，应选用不易碎材质，同时镜面下沿离地要超过 300 mm。

（4）物品暂放平台

为了不影响门的开合，且取物方便，置物台应与门开启同侧，距离适中。平台高度建议为 850~900 mm。边缘应圆滑，可以为弧形，避免棱角磕碰。

5.1.3　客厅/起居室的适老化改造重点与标准

既有住宅区由于特殊的时代背景，套内的总体使用面积都较小，基本没有独立功能的起居室，而是一个空间同时兼作客厅和餐厅。重新划分住宅使用空间，一方面可明确功能分区，从而使得结构与功能更为适应，最大限度降低安全隐患，增添便利性；另一方面也方便老年人和家人的活动。在独居型及空巢型的住宅中，起居室的尺度不应过大，否则会显得空旷，平添老年人孤寂的感觉。根据以往的经验，最理想的起居室空间尺寸要综合老年人日常行走范围的尺寸、轮椅活动尺寸、家具摆放以及与电视合理的视距各方面的因素考虑。开间大小适中：太小，活动不便；太大，家具布局不好安排；进深过大影响房间深处采光，同时造成空间狭窄、视野局促的感觉。

起居室设计的要点与基本要求如下：

（1）合理摆放家具

起居室的座席区宜面对玄关方向设置，方便老年人坐在起居室里就可以了解到入户门附近的情况，增强安全感。坐具数量不必过多，满足日常生活所需即可，但可以存放备用座椅，以便有客人来访时使用。起居室的坐具布置应本着保持路线的简洁顺畅的原则，防止绕行或绊脚。茶几与沙发、座椅配套使用，用来随手放置常用的物品，应在一臂距离之内，使保持坐姿时不需要大幅前倾就可以取用。茶几宜略高于沙发坐面高度，便于老年人取物，茶几与沙发前缘之间净宽不宜小于 300 mm；茶几下部宜便于老年人伸直腿部，过低的茶几容易造成磕绊。建议使用体积小巧、重量轻便的茶几，可由两个或多个茶几组合，方便老年人根据需要灵活移动。电视柜宜正对座席区布置，且要注意电视与窗的位置关系，避免在屏幕上产生眩光，影响老年人观看。电视机的高度宜与老年人坐姿视线高度相平或略高，保证良好的视角，以免造成颈部酸痛，且由于老年人的听觉、视觉衰退，电视机与座席区的距离不宜过远。

（2）使用方便的开关和电源插座

在趁手的位置设置开关，必要时在多个位置安装开关。电源插座均应采用安全型插座。常用插座高度宜为 600~800 mm。

（3）控制与各房间的连接处的高差

地面无阶差，与各房间地面的高差应控制在 3 mm 以内。

（4）注重门的安全性设计

为方便轮椅等辅具进出及急救时担架进出，卧室进门处不宜设狭窄拐角和门槛；外门净宽不小于 1100 mm，内门净宽不小于 900 mm。门扇首选推拉门，其次是折叠门或平开门；不应使用玻璃门。推拉门选用旋臂较长的拉杆式把手，拉柄高度在 900~1000 mm；平开门选用横执杆式把手，如图 5-4 所示。窗台下缘离地以 800 mm 为宜，矮窗台应在内侧加装栏杆，使高度达到 900~1000 mm。

（5）光线充足的亮度

充分获取自然光，注意适当的亮度设计。老年人起居室南向布置，并配有阳台，使老年人能得到充足的日照，方便老年人种花植草。

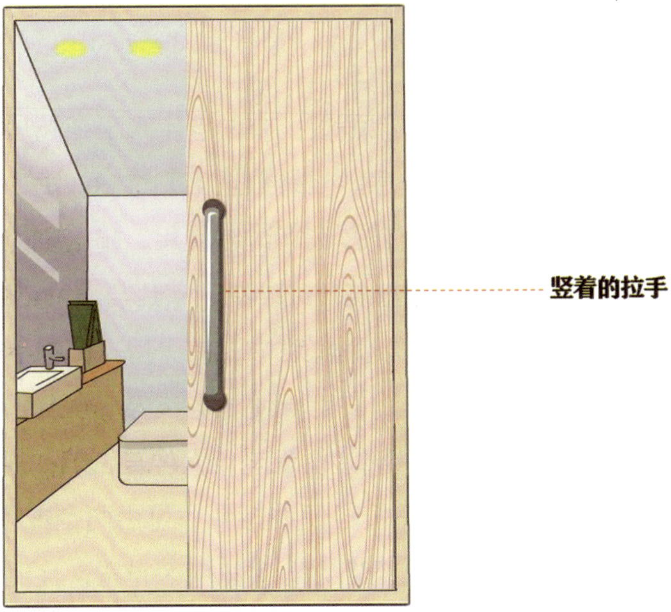

图 5-4　推拉门及横执长柄把手

（6）冷暖空调的设置

为了方便安装，事先设置配管孔和专用电源。避免使用燃油、燃气式取暖器。空调不宜直接吹向老年人常坐的位置。

（7）防滑地面的设置

起居室也应同样考虑防滑性，地面应铺设防滑材料。

（8）沙发等坐具的设置

老年人常坐的沙发坐面应略带硬度，利于起坐时借力；沙发靠背宜较高，对头部颈部有良好的支撑；沙发扶手既要支持起落撑扶，也应方便打盹时枕靠。若沙发过于宽大，可在中间加设扶手。沙发材质应亲肤且易清理。沙发或坐具的位置应可使视线直达门厅，使得老年人不必起身即可观察到门口的情况，如来者何人、门是否锁好等情况，增添居住的安全感。

（9）明格或抽屉的设置

家具等设施应设置明格或抽屉，促进高效收纳、即取即用；抽屉也可采用外侧透明的设计，方便看清并查找内容物。

5.1.4 卧室的适老化改造的重点与标准

老年人因生理、心理的变化，对卧室的要求与普通住宅不尽相同，如卫生间和厨房空间，老年人使用频率很大，应该与老年人卧室接近。

注意室内洄游动线的设计。洄游动线指住宅内各空间之间形成的可以回环往复的动线。调整空间开口状况，从而使得洄游动线更为多样，塑造交通捷径，进而使意外更加难以发生；如果发生意外，也能加强室内外视线联系和声音通达，方便救助；同时也利于通风采光。洄游动线将在 5.3 节做进一步说明。

此外，老年人视力衰退，应格外注意良好光环境的营造，如添加相关智能照明灯具、保证住房朝向良好。老年人使用的门、窗应该操作方便，开启容易，把手适合抓握和施力，并保证使用安全。通常，推拉门和平开门最适合老年人使用，其中，推拉门比平开门更节省空间且易于操作。卧室的窗是老年人的私密空间与外部公共空间的过渡，既要遮挡住外部人员的视线，为老年人保证私密性，又需要为老年人提供向外观望的条件，所以窗台相对来说需要做低一些，并且设置扶手。

卧室应设呼叫按钮，对讲机按钮和通话器高度为 1000 mm。橱柜挂衣杆高度应小于 1400 mm，深度小于 600 mm。

5.1.5 厨房适老化改造重点与标准

在适老化改造中打造安全、便捷、舒适的厨房空间，既可以帮助老年人省力、高效地烹饪，同时完成力所能及的家务劳动也能提升老年人的自信心和愉悦度。厨房中的工作动线应当简洁、流畅、稳定；为此，工作台的设计应当考虑到家庭烹饪常用方式，使操作趁手、流畅，同时工作时不易受到其他功能区的干扰。厨房面积不可过小，否则不仅会导致收纳贮藏性能不足、操作空间逼仄，同时也不利于辅行器械通行。储藏空间要适当压缩，且不易设置得过高或过低，导致无法方便使用，也会使得老年人去拿物品时存在安全隐患。厨房尺度过大，容易使设备摆放分散、操作流线变长、操作的连续性被破坏，当发生危险情况时，老年人无处撑扶。

在对厨房适老化改造时，应重点关注以下问题：

（1）使用方便的操作台

合理的操作流线设计，操作台高度适合老年人坐着操作。

（2）光线充足的照明

厨房照明系统的设计要兼顾整体和操作台局部。现有部分住宅楼的厨房开窗在楼体内部，即使直接开窗，采光效果仍一般。此时可考虑在操作台、水池上方加设灯具，设置为条形采光带，利用多个灯具的布局消除阴影，增添操作的安全性和舒适性。

（3）厨房面积要求

套内含单独的卧室、客厅/起居室的，厨房面积建议大于 4.5 m^2；套内卧室、起居室功能混用的，厨房面积建议大于 4 m^2。厨房比例不易太过逼仄，短边长建议大于 2.1 m。

（4）使用方便的橱柜/杂物柜

杂物柜使用频率高，应设置在使用方便的位置。在吊柜下方设置开敞式中部柜、中部架，或可下拉式拉篮，方便老年人取放物品。上方吊柜厚度宜略小于下方橱柜，保证老年人适度前倾时头部不易触碰到上方吊柜边缘。

（5）安全操作装置

灶具要选用安全性能好的。记忆力的衰退，使得老年人经常忘关燃气阀门，再加上嗅觉、视觉的衰退，他们难以发觉煤气泄漏或者着火等危险，就算发现了危险的存在，也可能由于行动缓慢，无法及时处理，而产生严重的后果。因此，应采用安全的燃气设备并应设有煤气泄漏报警装置、漏电保护装置以及烟雾火灾报警装置，以应对煤气中途熄灭或者忘记关煤气的情况发生。尽量使用没有明火的电磁炉等厨房器具。

（6）操作性好的水龙头

水龙头应操作简单并且容易调节。宜选择混水水龙头，方便调节水温；宜采用长柄式水龙头，便于开关水阀。

(7) 防滑防污地面

使用浸水后仍能够防滑的地面材料。厨房消除高差或改造时候做成缓坡，既满足防水，又满足安全需要。

厨房有关的适老化改造中需要特别注意以下几点：

①老年住宅中，由于餐厅承载了更多的功能，应更注重自然采光和通风，使该空间更为舒适和明亮。

②餐厅、厨房应当贴近，方便上菜、取放餐具等，避免老年人手持餐具、碗碟行走距离过长。

③保留餐厅与厨房的视线通达，方便两个空间中的人能互相了解状况。

④餐桌上方安装明亮柔和的灯具，使菜品清楚、增添食欲。

⑤在厨房、餐厅之间设置过渡台面，可直接利用备餐台，以减少老年人不必要的进出造成的疲劳。

⑥餐桌等应具备适当的灵活性，以方便亲友来访时用餐人数的改变。可考虑将餐厅、起居室相连通，选用可折叠、拼接的餐桌等。

⑦应为轮椅使用者留出用餐专座，可设在便于靠近餐桌的空间充裕处，餐桌下空档处的高度保证腿部及轮椅可推入。

⑧餐桌采用大圆角设计，避免老年人磕碰。

5.1.6 卫生间的适老化改造的重点与标准

在住宅中，卫生间是最容易发生意外情况的空间。因此，应为老年人改造设计一个安全、方便、舒适的卫浴空间，使他们尽量独立地完成或者借助一些辅助措施完成个人生理卫生活动，包括洗浴、盥洗、排泄等，避免突发疾病和意外状况的发生。

在对卫生间进行适老化改造时，应针对老旧卫生间普遍存在的问题进行改进，这些问题包括：

(1) 卫生间内外有高差，老年人通行困难。

(2) 卫生间地面材料不防滑。

(3) 卫生间各处（洗浴空间、马桶及洗手盆）没有防跌防撞安全助力保护措施。

（4）卫生间没有安装紧急呼救报警设备。

（5）配备蹲式马桶而非坐式马桶。

（6）使用高度偏低的坐式马桶，不方便老年人起身及坐下，坐便器高度小于 450 mm。

（7）洗浴空间没有干湿空间分隔。

（8）老年人不能坐下来洗澡。

（9）卫生间不支持半自理老年人助行设备（如轮椅、拐杖、半拐杖、助行器等）安全回转。

（10）洗面盆和洗手台高度尺寸不合理，不方便老年人使用。

（11）卫生间不整洁卫生，物品堆放杂乱，没有足够的收纳空间。

（12）洗浴水温不能保证，浴室保温和采暖措施不够。

（13）卫生间普遍比较昏暗，照明不足，开关位置不当，没有夜间照明装置，例如感应式或触控式小灯。

卫生间具体改造一般从以下几点着手：

①入口内外无高差。

卫生间的地面要低于室内其他地面，与相邻空间地面高度差不应大于 15 mm。为避免老年人绊倒或给坐轮椅老年人行动带来不便，要用缓坡来过渡。

②设置安全扶手。

易滑倒、行动不便处应多多设置扶手，如浴室出入口附近，浴缸、水盆、马桶、花洒边，水龙头一侧的墙壁上等，如图 5-5 所示。

③地面应防滑。

卫生间要采用防水、防滑的地面材料，避免起身或行走时跌倒。选材可参考：无釉面地砖、橡胶地板；可加装防滑地垫增强效果。为使地面排水顺畅，防止积水，需要地面找坡且合理设置地漏的位置。由于浴缸光滑的表面易造成进出时的跌倒事故，故可在底部、侧边等处加装防滑垫。

当前市面上常见的防滑处理措施及其使用的效果对比如表 5-1 所示，可作为实施进行适老化改造时的参考。

图 5-5 卫生间安全扶手设置

表 5-1 地面防滑处理措施

防滑措施	美观方面	卫生方面	清洁保养	防滑效果	使用期限	经济费用
防滑地砖	中	易滋生霉菌、细菌	难	差	长	高
防滑地毯或地垫	较差	易滋生霉菌、细菌	难	好	较短	较高
塑胶地面	好	较好	较易	好	较短	高
粘贴防滑膜	中	较差	较难	好	短	中
喷涂防滑剂	好	好	容易	好	长	中

④设置紧急报警装置。

呼叫系统一般设置在老年人容易发生危险的位置。为了便于安装紧急报警装置，应事先设置备用配置管线。非重点区域，可将呼救按钮安装在离地高约 500 mm 处。有资料表明，老年人排泄过程中脑出血、脑血栓等高血压病发病率高；因而坐便器侧边也应布置，一般在前方手能够到的范围内，高度距地面 400~1000 mm。为使跌倒后处于低位也可报警，应通过加装拉索等方式扩展可报警范围到离地 100 mm 以内。呼叫系统既要顾及紧急时可以够到，又要避免误触报警。

⑤坐便器。

人到老年以后，身体机能衰退，因此坐便器的高度应设计得相对高些，来缓冲下蹲时腿部的负担；对于轮椅使用者，坐便器应设置的更高一些。有条件可安装智能马桶，提供温水冲洗功能，使自理能力差的老人亦可使用，同时也有利于便秘、痔疮等问题的缓解。

老年人使用的卫生洁具的色彩以白色为好，比如说坐便器，白色让老年人感觉清洁，也方便判断排泄物颜色，有助于老年人及时发现存在的问题。坐便器的冲水阀门可以选择杠杆式冲水手柄。坐便器上方可设射灯，以帮助老年人观察排泄物的情况。

坐便器的旁边可设紧急呼叫器和 L 形坚固的扶手，如图 5-6 所示。手纸盒可考虑支持收纳两个及以上的卷纸，以免老年人忘记更换；建议设置在离地 750 mm 左右处，便于取用。

图 5-6　坐便器扶手安装位置示意图

⑥洗手盆。

洗手盆离地面的建议高度为上沿 800 mm（普通洗面器高为 760 mm），池底为 650 mm。洗手台面的宽度建议控制在 700 mm 内，一方面方便坐轮椅的老年人使用，另一方面避免健康老年人使用时过度弯腰。梳妆镜下缘离台面 180 mm 左右；斜置以使其低位并增加友好性，更方便老年人使用。若有轮椅使用需求，考虑使用凹入式，留足盆下空间方便轮椅靠近。

老年人握力弱，水龙头不易采用旋拧型，建议采用掀压型或杠杆型。水龙头应设置得高些，或采用可抽出式花洒。洗面器旁边应该配备扶手，支撑的同时兼做毛巾挂杆。手盆附近应提供必要的置物空间，放置日常洗漱用品。

⑦洗浴空间的设计。

洗浴空间应将淋浴与盆浴区分开，避免老年人站立于浴缸淋浴时滑倒。淋浴区中，为避免老年人久站乏力，可在喷头下方放置浴凳。

盆浴区中，基础配置为平底防滑低浴盆，高度不宜超过 450 mm。为方便老年人以坐姿进出浴缸，从而保持身体姿态、血压稳定，可在浴缸外沿设置转移台面，高度在 400~450 mm。浴缸周围要配备垂直和水平方向的扶手。

除了基础浴缸，还可考虑图 5-7 所示的边进式浴缸。侧开卷帘门方便与助力车对接，内设座位方便起坐，可让腰腿弯曲存在障碍的老年人在双脚不落地的情况下，完成从床到卫生间的洗浴、清洁、按摩、理疗等全过程。

图 5-7　边进式浴缸

⑧卫生间干湿分区。

卫生间是用水的地方，水外溢到地面容易让老年人跌倒。大多数家庭采用卫生间门口铺设地垫、进入换鞋等方式，防止将卫生间地面的水带到其他空间，这样做既不彻底也不方便。为彻底解决这个问题，可通过隔离干湿区实现，将最湿的淋浴间与其他空间有效隔开。

⑨开关方便且安全的门。

卫生间门应外开，最好采用推拉门或折叠门。门上应安装安全玻璃等不易破碎的玻璃。卫生间的门净宽不应小于 850 mm。为方便急救，老年人使用的卫生间不宜采用向内开启的门。老年人在卫生间内倒地且无法起身时，身体可能挡住内向开门，使救援人员难以进入，贻误救援时机。建议使用推拉门或外开门，其中推拉门可节省空间。若条件有限只能使用内开门时，则可打通门扇下部，令其可拆下或局域打开，便于意外发生后救助人员进入施救。目前，市面上也出现了里外双向开启的门扇，可以按需选用。

⑩卫生间的储藏。

卫生间内收纳的物品主要包括：①保洁工具，如拖把、抹布等；②桶、盆等；③织物，如脏衣篓、毛巾、浴巾等；④纸品；⑤日化产品等。

有效的物品收纳要求整洁和取用上的便利性。具体方法如：将纸品、保洁工具等置于坐便器周围；将洗手、洁面等日化产品等置于水盆台面周围；将沐浴、洗头等日化产品及脏衣篓、浴巾等置于淋浴间附近。卫生间的设计应考虑迂回遮挡，使得卫生间内物品不会直接的大范围暴露在外部空间，影响私密性和观感。

⑪采光通风。

清洁和明亮是老年卫生间的两大需求，因此建议在卫生间中开明窗。开明窗利于通风和采光，使室内空气保持清新、及时发现和清除污渍、利用阳光进行杀菌消毒，同时也可避免因昏暗而造成的磕碰、摔倒事故。

开明窗不可实现时，通风问题可用排风扇缓解；采光问题可通过向室内开窗、采用透光毛玻璃等手段缓解。

⑫其他洁具辅助设备。

可采用其他的洁具辅助设备以提高老年人如厕和洗浴的安全性和舒适性，

如配置淋浴凳、洗澡椅、恒温淋浴头、杠杆式或掀压式龙头开关（恒温感应式龙头开关）、马桶起身架、照明保暖等设备。

⑬其他需要注意的问题。

卫生间和浴室其他需要注意的问题还包括：①取暖器贴墙安装以节省空间，同时亦可减小刮伤、磕绊老人的风险。有条件可选用带毛巾架的取暖器，方便取用，保障擦身时的温暖。②居家小电器的品种越发丰富、迭代速度快，电动牙刷、电子血压计、空气净化器、净水器等已走进了千家万户，使用这些设施要考虑好预埋管线、布置插座时要留足接口。③水龙头可选可控温的；把手应易于操作。④尽量少设置台阶，不得已设置台阶时，应设置扶手。⑤浴室应保证看护时必要的空间。

5.1.7 阳台的适老化改造重点与标准

（1）老年人使用的阳台空间不宜过小

阳台功能丰富，包括：晒太阳、观景、园艺、洗衣晾晒、收纳贮藏等。同时，考虑到轮椅回转空间，其进深不建议小于 1.5 m，栏杆高度不低于 1.1 m。

（2）消除阳台内外高差

阳台与室内地面之间常常存在小高差。在老年人居室中，应尽量通过加装小坡等方式消除或减小高差，以防绊倒或有碍轮椅通行。

（3）采用防滑易清洁面砖

阳台连通室外环境，容易积灰，又因常在此处进行洗晾衣物、浇花等用水活动，容易积水或留下湿迹，故阳台地砖应该具备防滑、反光度低、花色素净、易于清洁的特点。老年人的视力有所衰退，面砖过花或反光过强，容易导致老年人眼晕，感觉不适。选用防滑地砖时需注意表面凹凸花纹的可清洁性，防止藏污纳垢。

（4）“洗衣——晾衣——清洁”一体化

阳台通常采光通风状况较好，可在此集中布置洗衣和晾衣功能，减少老年人多次、反复的走动，并避免房间内的地面被沾湿而导致老年人滑倒。如能在阳台上设置用水点，合理安排洗涤池、墩布池的位置，使洗衣、晾衣集中在此处完成，省去搬动衣物的步骤，不仅便于操作，节约劳动力，更重要的是可以避免衣物沥水沾湿其他空间的地面及物品。洗涤池和洗衣机可相邻布置，便于就近清洗小物。洗涤池宜配备操作台面，供放置物品，分拣衣物。可升降的晾衣工具比较适合老年人操作，可以设置在阳台的天花板或侧壁。可设置侧边晾衣竿。晾晒衣物较少时，可只用侧边晾衣竿，减少阳台晾晒对室内视线的干扰和对人在阳台活动的影响。

（5）防止过晒

阳台采光面积较大，应考虑炎热季节的防晒问题。建筑上可以采用外部遮阳的处理方法，而在居室内部可利用半透光的纱帘或百叶帘，既保证适当的进光量，又可有效防止过晒，并易于调节，在阳台上种植品种适合的绿色植物，也能够起到较好的降温遮阳效果，且能够净化室内空气，使人赏心悦目。阳台与室内的交界门不应有高度差，同时通风采光效果好。

（6）储藏功能

在不阻挡采光通风的前提下，可沿墙面进行收纳贮藏，如安装吊柜、置物架等。

5.2　社区适老化改造重点与参考标准

上一节介绍了室内居家环境的适老化改造的重点和参考标准，本节简要介绍室外社区环境如楼厅、电梯、楼梯以及社区基本设施的适老化改造的重点以及参考标准。

5.2.1　楼厅和电梯的适老化改造重点与标准

楼厅和电梯适老化改造应重点关注以下几个方面：

（1）地面铺设防滑材料

地面铺设浸水后也防滑的材料，地砖之间的缝隙不应过宽。

（2）楼厅等候区空间设置

楼厅的等候区应留足轮椅可转身的空间，方便失能老人的上下楼。

（3）优化设置信箱和留言板

在楼厅设置信箱和留言板的位置不应妨碍通行，使用高度要方便所有用户。

（4）设置休息椅

可在楼厅适当位置设置椅子，方便等候电梯时或者其他情况下坐下休息、放置行李。

（5）方便的出入口

轮椅的通过性要求门宽不小于 800 mm；门口无高度差；推拉门、自动门更佳。

（6）配置电梯

多层建筑应配置电梯，大小以可容纳担架为底线，按中华人民共和国住房和城乡建设部办公厅发布的国家标准《建筑与市政工程无障碍通用规范》要求，宽轿厢要达到 1.5 m（深）×1.6 m（宽），深轿厢要达到 2.1 m（深）×1.1 m（宽）。电梯与楼面无高差。

（7）电梯内部设置

如图 5-8，轿厢壁上安装扶手，高度 750~900 mm，正对门的壁上加装镜面，向下倾斜更佳。电梯按钮应装于轿厢两侧，高度应使坐轮椅时也可使用。电梯开门时间充分，在门口装有光电管装置，防止夹伤。

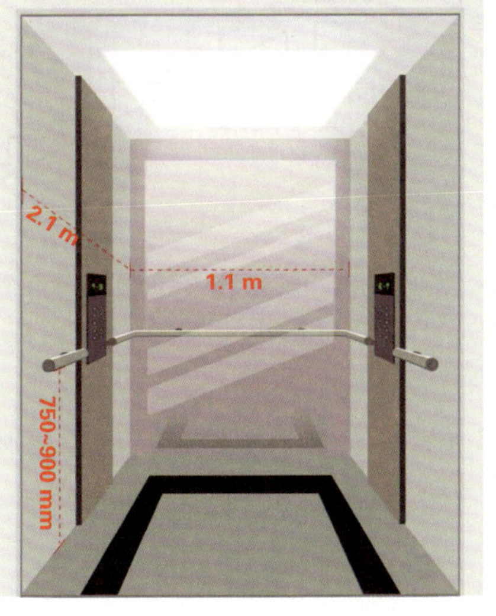

图 5-8　电梯内部装置示意图

5.2.2 楼梯的适老化改造重点与标准

楼梯的适老化改造重点包括以下几个方面：

（1）易识别的台阶面

使用采光与照明手段，避免台阶面产生阴影。台阶使用便于识别的颜色和材质。

（2）踏面的防滑措施

水平面使用防滑材料；水平面边沿铺设防滑条；垂直面设置挡板。

（3）设置扶手

楼梯边上连续安装牢固的扶手，端部向下方或墙壁弯曲，做成圆角。为了握感，使用圆润的横截面形状，半径控制在 30～40 mm 内，与墙之间留足 40～50 mm 的空隙；可设置双重高度（900 mm 和 750 mm）。

（4）坡度平缓的楼梯

踏步高度不大于 130 mm，踏面宽度不小于 320 mm。出于安全考虑可采用带平台的折跑楼梯，降低跌落高度，如图 5-9 所示。

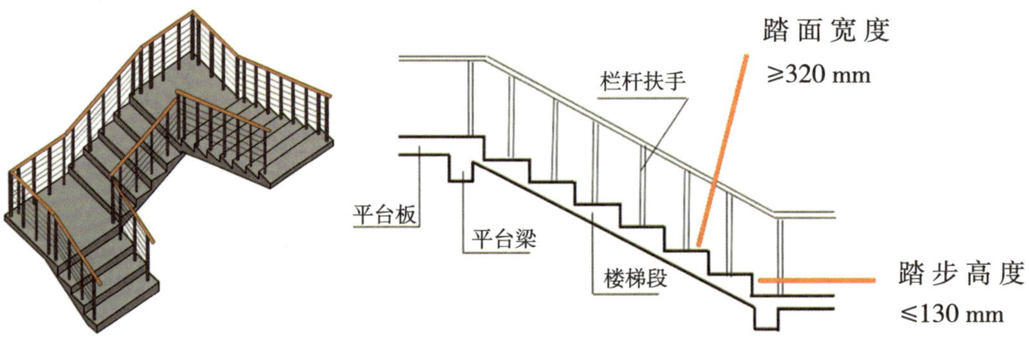

图 5-9　带平台的折跑楼梯及踏步高度和宽度要求

（5）楼梯的宽度充足

楼梯宽度不小于 1.2 m，可并行通过使用拐杖的老年人和搀扶人。楼梯带有 500～600 mm 的提示区。平台净宽应不小于楼梯净宽。

（6）充足照明

在适当位置设置多个灯具，通过光路交叉消除浓重的阴影。

（7）方便的开关

优先选用感应灯，其次使用有提示的大面板开关，最好支持多点控制。

5.2.3 居住区外环境的适老化改造的重点与标准

居住区外环境的适老化改造应关注以下几个方面：

（1）活动区

①居住区至少布置1~2个完整活动场地。

②场地位置不要离楼太近。

③不同活动主题场地可以相邻布置，但是避免噪声干扰。

④集体活动场地考虑10~20人的活动空间为宜。

⑤场地旁边有座椅和放置物品的台面。

⑥高大落叶乔木栽种在场地的东西侧（春夏时节遮挡阳光直射，秋冬季节落叶从而不遮挡日照）。

⑦场地朝向参考当地光照、风向状况，避免阳光炫目直射或者受大风影响等。

⑧场地铺装平整防滑。

⑨健身区安排轻量健身器材，配备儿童活动空间，方便老年人和孙辈同行。

⑩至少一半的场地可被阳光照射到。

（2）散步道

①应长而循环，途径主要活动区。

②与单元门有好的衔接。

③两边植物不应过于密集遮挡视线，增加老年人的安全感。

④避免漫长而笔直的散步道。

⑤路面无障碍，长坡道必要时加设扶手。

⑥岔口宜少不宜多，沿途设置明确标识。

（3）小型交流场所

①考虑日照和风向，位置因地制宜。

②设置桌椅，方便下棋，桌椅边角设置为圆角。

③通道保障轮椅通行，至少一边不设固定座椅。桌下空间方便坐轮椅的老

年人腿部进入。

（4）安静休息区

①保证与邻近步行道的视线联系。

②设有挡风墙，高度以过人为宜。

（5）儿童游乐区

①儿童器具旁边设置座椅，方便监护儿童。

②可以结合老年活动场地布置。

③不宜设置水体。

④器具和场地优化布置，防止老年人磕碰、绊脚。

5.3 适老化改造的无障碍和防跌倒处理重点环节

无障碍处理以及防跌倒处理是适老化改造的核心。适老化改造要针对老年人生理状况，减少环境障碍，避免不安全因素出现，特别是要降低老年人跌倒的风险。要关注消除地面高差、设置扶手等防跌倒设计，以及通畅重点空间洄游动线和加强视线、声音的联系等方面。

5.3.1 “防跌倒”设计第一步——消除地面高差

防跌倒最基础的部分是消除地面高差。住宅户内不同的空间因为结构做法的差异或地面铺装材料的不同，会在地面交接处出现高差（如图 5-10）。出于清洁和防水等方面的考量，卫生间、厨房和阳台等入口处一般也存在高差。同时，早期设计中卫生间往往少有预埋管线，而是将卫生间地面抬高而腾出空间，造成了内外高度差。这些高差对老年人来说不仅破坏了通行的顺畅，还有很大的安全隐患，容易造成老年人磕绊、摔伤等意外情况的发生。

因此，在改造时应尽量消除这些高差。例如，施工时可以调整面层厚度来避免不同铺装材料间的高差，对于卫生间、厨房和阳台处的过门石或地面压条，可通过对其进行抹圆角或八字脚等方法处理好过渡关系。此外，也可通过明显的颜色变化等方式进行提醒。

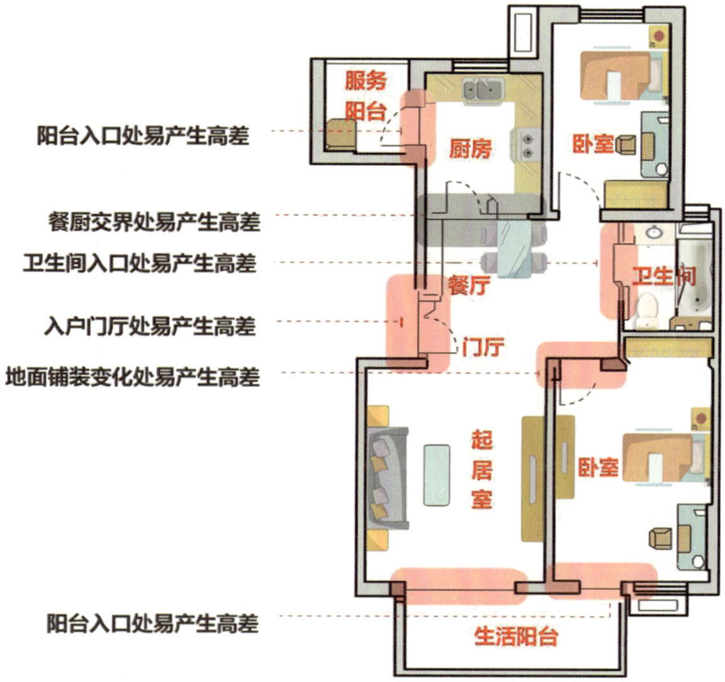

图 5-10　户内易产生高差的位置

5.3.2　其他居家安全“防跌倒”设计重点

除了消除地面高差外，老年人居家安全“防跌倒”设计重点还包括几个方面。具体介绍如下：

（1）安装防跌倒扶手

在走廊、客厅通道等重要位置加装安全扶手，根据家庭空间具体情况，配置床边扶手和沙发扶手。

（2）安装紧急报警装置

在厨房安装火灾及燃气感应报警器，在卧室、卫生间和客厅安装一拖二室内报警器。配置老年人和子女远程沟通的智能设备。

（3）地面高差警示

在相关的危险位置贴高差警示带。

（4）地面防滑

配置安全防滑垫、安全型防滑拖鞋。

（5）照明控制

在卧室门口和床头安装触摸式开关，方便在居室各处开关灯。在卧室、走廊、厨房、卫生间适当位置安装夜间自动感应灯，方便老年人起夜。

（6）配备适老化家具

如适老型舒适座椅、助力沙发等。

（7）助行辅具

如配置轮椅、拐杖、助行器、老年人助行车等。

（8）设置助浴助便设施

配置让老年人坐下洗澡的专业助浴椅，安装浴杆、浴帘以便卫生间干湿分离，卫生间洗手盆安装伸缩水龙头。

5.3.3 老年人防跌倒的分级管理措施

针对不同老年人的状况，可在适老化改造中采用不同的防跌倒标准，并进行相应的处理。防跌倒分级管理的措施如表 5-2 所示。

表 5-2　防跌倒管理分级措施

跌倒风险等级	干预措施
轻度跌倒风险	熟悉生活环境，调整常用药物，调节床的高度，便于起坐 必要时配备紧急呼叫器并掌握正确的使用方法；将手杖等辅助设施放在触手可及之处 进行 PT 评估，看是否需要使用助行设施；穿防滑功能鞋具，不穿袜子 改善环境因素，降低跌倒风险；家属与照料者教育
中度跌倒风险	教育老年人及照料者，任何活动都需要旁人帮忙，不能独立活动老年人所需物品须放在触手可及的地方 对老年人的监护级别应该提高 将手杖等辅助设施放在触手可及之处
高度跌倒风险	安装夜间辅助照明设施；必须使用助行设施对老年人生活环境进行更高要求的改善 在老年人活动时提供必要的帮助 照料者必须就老年人跌倒危险因素进行讨论，勿让老年人单独坐在没有保护措施的椅子上 勿让老年人单独停留在浴室，需随时有人照看老年人，必要时可给予行为的限制或束缚

5.3.4 重点空间洄游动线

住所内空间之间的通行路径被称为洄游动线（或回游动线）。住宅套型设计中，通过调整房间开口数量和相对位置，形成丰富的洄游动线，既能改善室内空间及其间流动的多样性，又能促进屋内空气对流、保障光照充足，同时对保持视线通达、声音传播也很有帮助。

（1）缩短交通距离

洄游动线可方便老年人自由选择到达各空间的路线，有利于缩短老年人在各居室之间的行走距离，降低老年人发生意外的概率。多样、便捷的洄游动线也可方便轮椅通行。

（2）便于紧急救助

老年人发生意外并且挡住空间入口时，救助人员可以借助多样化的洄游动线，从另一入口进入该空间施救。

（3）加强视线联系

洄游动线贯穿起各个房间的开口，使得不同房间之间视线可达，便于沟通和观察老人的状况。例如，护理人员在厨房、起居室、活动室也可以照看到卧室的老年人。

（4）促进声音通达

洄游动线的开口使得相邻房间的声音可以被相互听到，若老年人在房间中有特殊声响，家人可以及时发现并给予帮助。

（5）利于通风采光

洄游动线上丰富的开口使得多角度入射光可进入房间，改善采光条件；使室内通入更多自然风，更新空气、祛味除湿。洄游动线应串联起住宅内重点空间，如起居室—厨房—阳台、卧室—起居室、卧室—卫生间等，如图 5－11 所示。

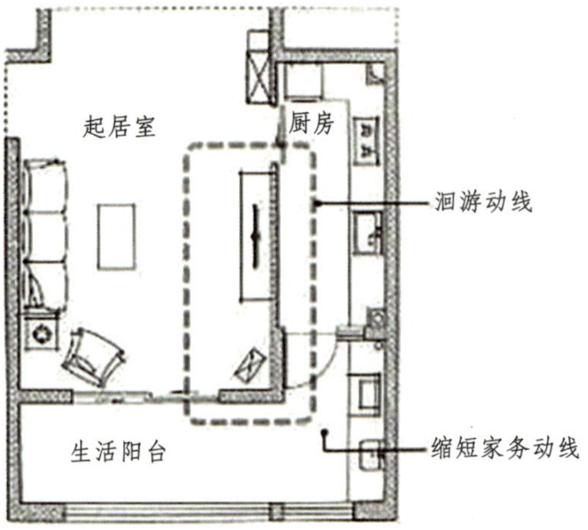

(a) 起居室、厨房与阳台之间

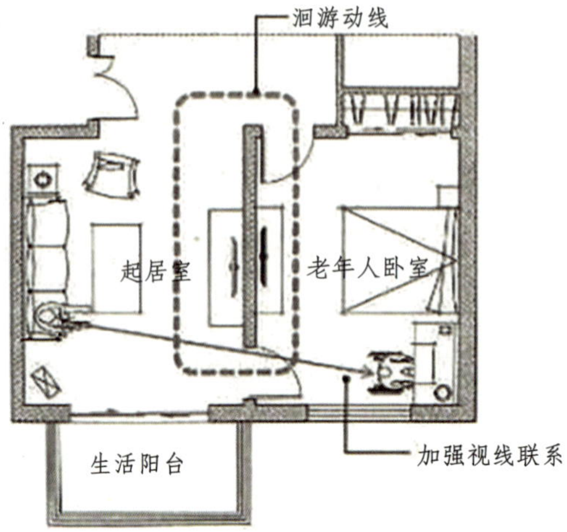

(b) 老年人卧室与起居室之间

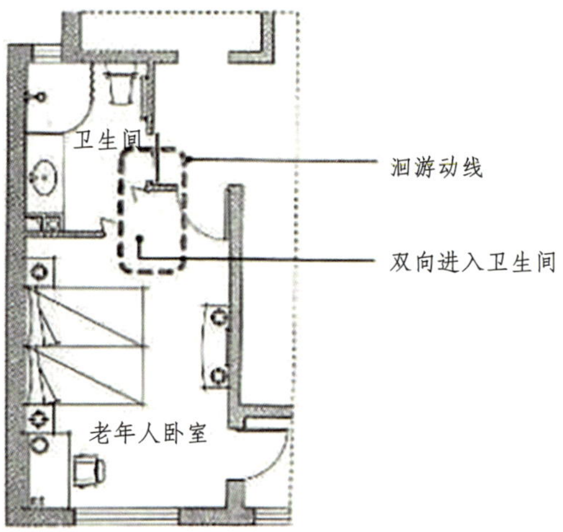

(c) 老年人卧室与卫生间之间

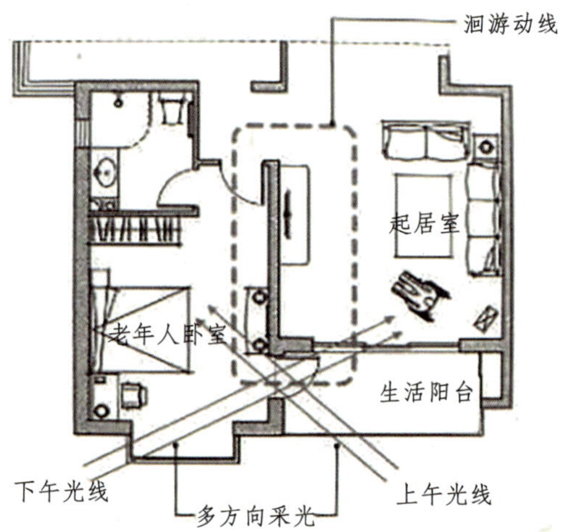

(d) 老年人卧室与起居室、阳台之间

图 5-11　住宅内“洄游动线”示意图

5.3.5　加强视线、声音的联系

对意外发生的恐惧、意外发生后能否自救或获救的疑虑使得老年人普遍缺乏安全感。对此，可在重点空间（如卧室和卫生间）加装呼叫器，同时调整户内空间布局，增强视听联系，使老年人的状况与呼救的传达畅通无阻。

为了方便老年人与家人和护理人员之间的相互照应，老年住宅户内主要生活区，如起居室、餐厅等空间，宜采用开敞式设计，使视线和声音能够直接通达。

对于不能完全开敞的空间，如厨房和阳台等，可以通过设置门洞以实现视线和声音上的沟通，方便家人和护理人员在做其他事情的同时照看老人，同时，通过门窗开口和镜子加强空间通达性，便于居住者联系，如图 5-12 和图 5-13 所示。

对于私密性要求较高、不宜视线贯通的空间，如卧室和卫生间等，可在门上局部安装半透明玻璃或透光不透影隔断，避免隐私泄露的尴尬，但可以方便其他空间的人了解老年人的情况，及时接收到老年人的求助信号。

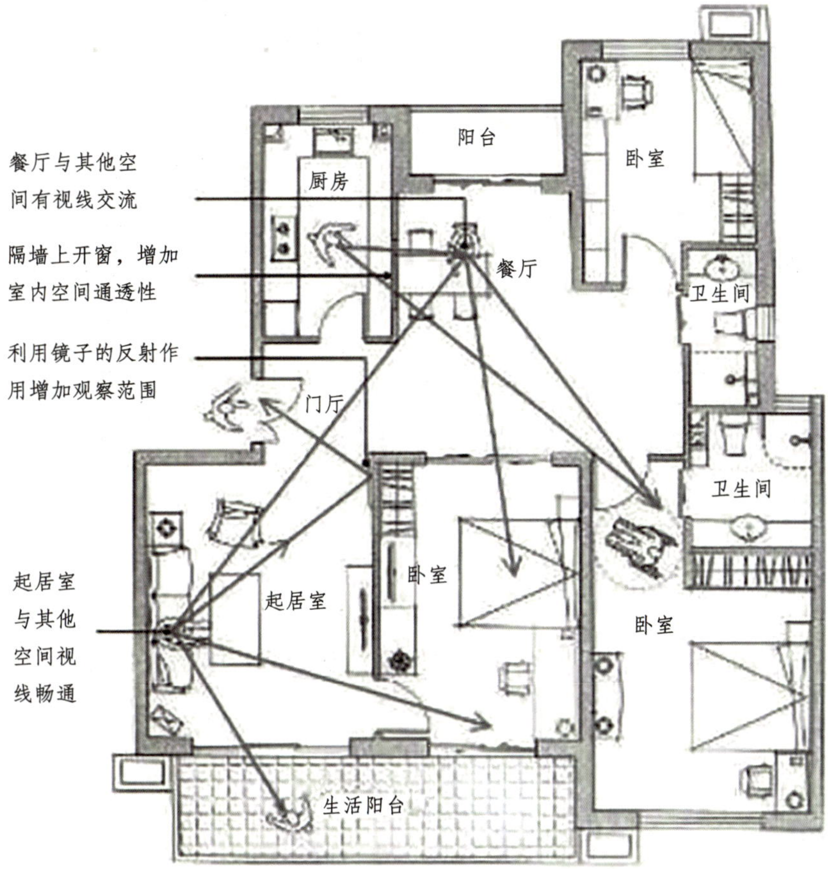

图 5-12 居室内门窗开口及镜子设置与视线通达示意图

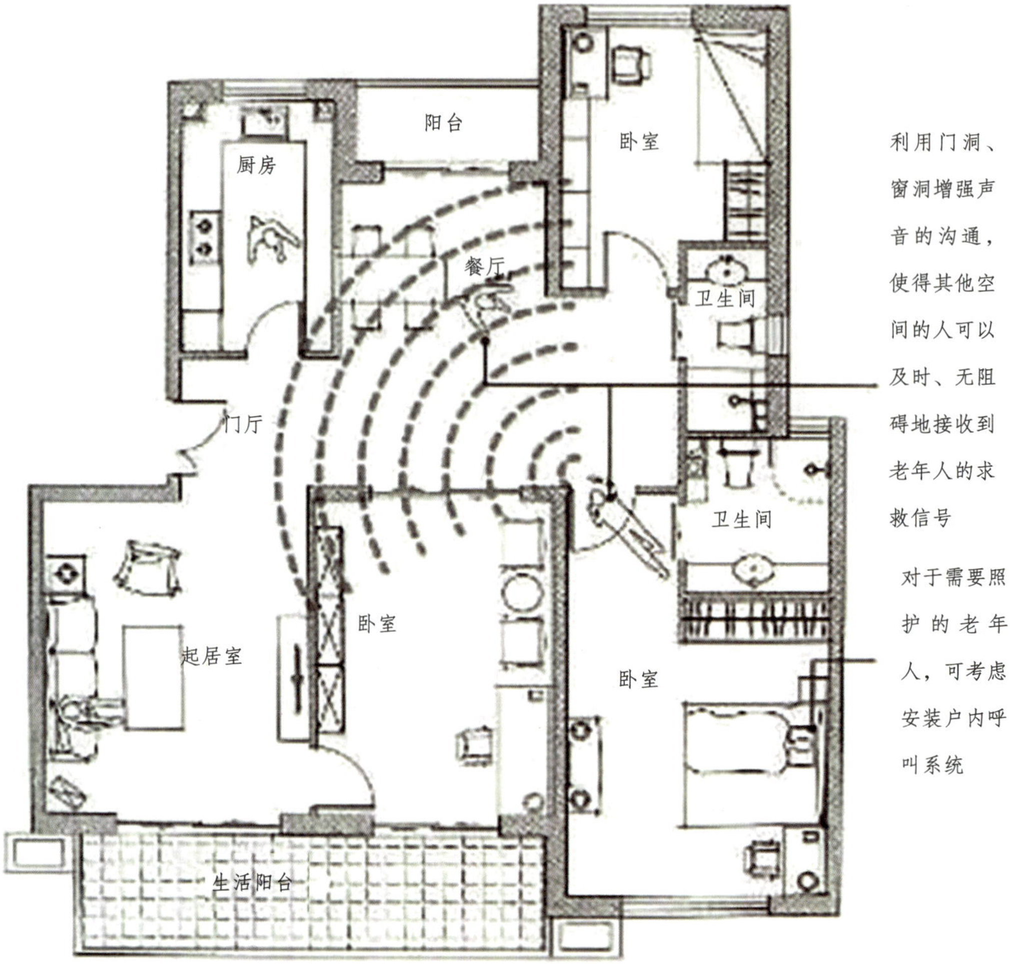

图 5-13　居室声音穿透示意图

5.4　适老化改造的辅助器具配置重点环节与参考标准

在适老化改造项目中，辅助器具配置具有重要的作用，常用的辅助器具配置主要包括卧室类的辅助器具和卫浴类的辅助器具，下面分别说明其配置要点。

5.4.1　卧室区辅助器具配置重点

卧室区辅助器具配置如图 5-14 所示，具体方案介绍如下：

①根据老年人身体情况，配置合适的护理床，床上配置防褥疮垫、翻身三角垫，床边配置起身板、床边桌。

②床头应设紧急呼叫器，保证老年人躺在床上就能伸手可及。

③在床附近放有移动马桶或者便携式接尿器。

④地面铺设不反光且防滑的材料，比如防滑垫、防滑地砖、防滑毯。

⑤走道安装扶手或安全绳，协助老年人行动。

⑥进深略大于一般卧室，为轮椅回转留出足够空间。

⑦卧室开辟拐杖、助行器、辅助车等放置区。

⑧家具（椅子、茶几等）牢固，支持倚靠、协助行动。边缘或转角处光滑无尖锐突出。高度适宜，不易绊倒人。

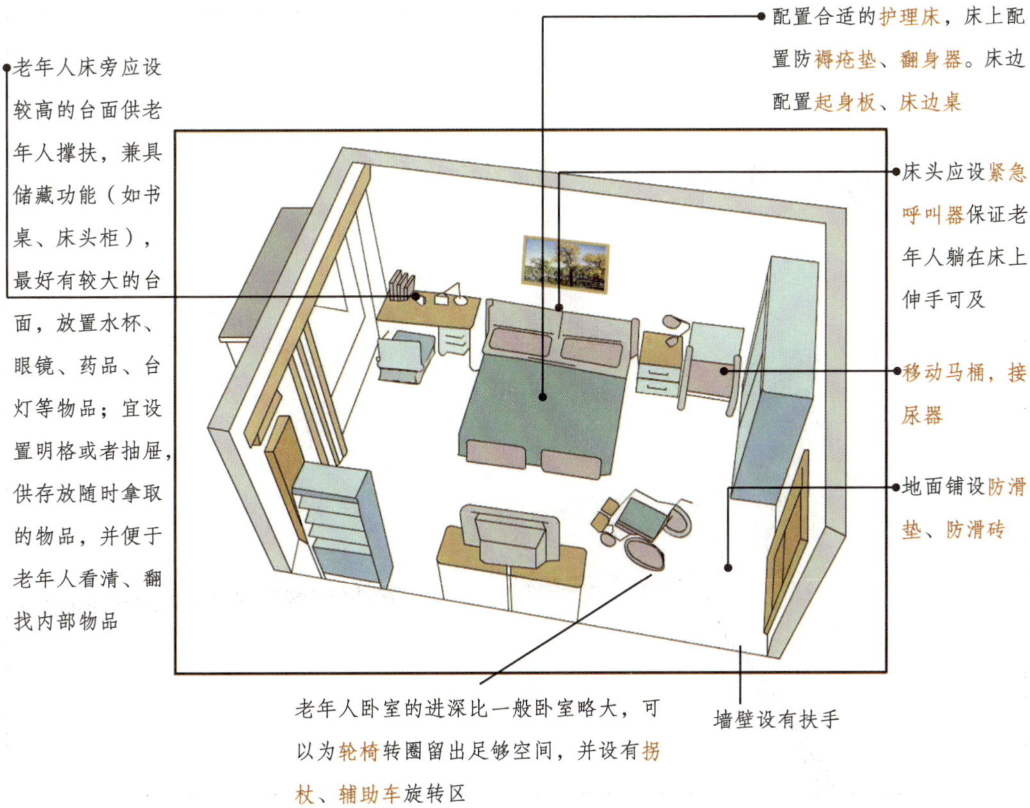

图 5-14 卧室区辅助器具配置

5.4.2 卫浴区辅助器具配置重点

卫浴区辅助器具配置如图 5-15 所示，具体方案如下：

①马桶旁设有抓握的固定扶手。

②浴缸旁设有抓握的固定扶手。

③洗手台旁设有抓握的固定扶手。

④浴室地板铺设防滑排水垫，地板经常保持干燥。

⑤加装夜间照明装置，例如感应灯或触控式小灯。

⑥配置洗澡椅。

⑦卫生间应干湿分离，淋浴区宜设置浴帘。

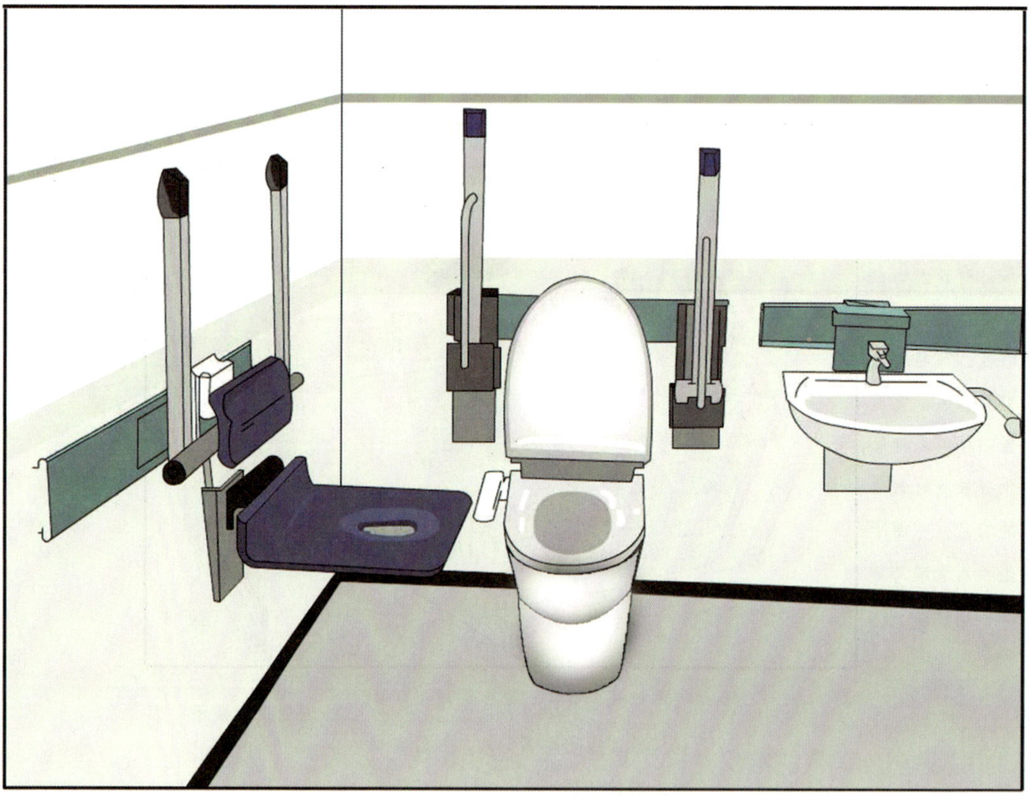

图 5-15 卫浴区辅助器具配置

5.5 本章小结

本章介绍了适老化改造项目重点环节以及相应的标准。适老化改造在满足安全性、便利性、舒适性、适用性和经济性的同时，特别需要注意对一些关键部位的处理，并且需要满足一定的标准。

首先，介绍了室内环境适老化改造的重点以及参考标准，包括：住宅出入口、通道及其他关键部位的无障碍处理重点以及标准；门厅（玄关）的适老化改造重点；客厅（起居室）适老化改造重点与标准；卧室的适老化改造的重点与标准；厨房适老化改造重点与参考标准；浴室、卫生间适老化改造的重点与标准以及阳台的适老化改造的重点与标准等。

其次，介绍了居家环境的适老化改造的重点和参考标准，包括楼厅和电梯的适老化改造重点、楼梯的适老化改造重点以及居住区外环境的适老化改造的重点与标准等。

再次，介绍了适老化改造的核心问题即无障碍处理以及防跌倒处理，这些问题包括：消除地面高差的要点；重点空间动线洄游设计；视线、声音等关系的处理；老年人居家“防跌倒”设计重点以及老年人防跌倒的分级管理措施等。

最后，介绍了适老化改造的辅助器具配置。在适老化改造项目中，辅助器具配置具有重要的作用，本章分别对卧室区的辅助器具和卫浴区的辅助器具的配置进行了重点介绍。

第6章 住宅适老化改造案例汇编

本书2、3、4、5章分别讲述了适老化改造的相关概念和理论、住宅适老化改造的主要内容、住宅适老化改造的基本流程、住宅适老化改造的重点与参考标准。本章结合了甲子养老科技公司的实践以进一步巩固适老化改造的理论与方法及应用，先通过一些具体案例显示出老年人居家住宅存在的普遍问题，然后针对这些问题进行了适当的适老化改造设计。本章最后部分还将介绍甲子养老科技公司为老年人服务量身定做的J-Link平台，适老化改造的流程管理正是其中的重要的内容。

6.1 典型案例分析

6.1.1 案例1

（1）基本状况

A先生，男，80岁。老伴与其年龄相当，有阿尔茨海默病倾向。A先生可独立洗澡，老伴需他人协助。有子女，工作繁忙，不经常回来照顾。家中有保姆照料。

（2）居室基本状况

房屋属于30年以上的多层住宅，两个卫生间（主卫有浴缸，次卫为淋浴房）。屋内物品多，卧室内囤积有大量用布遮盖的包裹。家中未见到任何适老化家具及设施。

（3）存在问题

①淋浴房比较小，而且底座太高，出入有门槛，护理人员进不去，无法助浴，没有安全扶手，万一发生危险无法施救。

②马桶没有扶手助力，老年人如厕起坐都很可能有危险。

③门板及门把手破损，房间内外地面有 3 cm 高差。

④照明不够，收纳不好。

⑤主卧卫生间浴缸无辅助设施，老年人出入困难，易滑倒、磕碰。

⑥地面遇水湿滑，极易滑倒。

⑦物品杂乱堆放，阻碍老年人通行，易引发跌倒。旧衣物太多，容易发潮发霉，造成屋内细菌超标，引发疾病。

6.1.2 案例 2

（1）基本状况

B 先生，90 岁，思维清晰，眼花，耳背，依靠助行器或拐杖，五年前在家中跌倒导致股骨头粉碎，现起身困难。家中有妻子照顾，同时雇有保姆。家中无保护措施。

（2）居室基本状况

房屋属于 30 年以上的多层住宅，位于二层，屋内采光通风较差，室内昏暗。物品堆放杂乱，空间内家具摆放等极易对老年人通过造成不便。

（3）存在问题

①老年人从卧床到坐起需要辅助。从床上到下地站起没有扶手，有安全隐患。为方便穿脱衣服床边有放衣服的椅子，但椅子是带有滑轮的办公椅，对于老年人而言非常危险。

②马桶没有扶手助力，老年人如厕起坐都很可能有危险。

③淋浴房比较小，而且底座太高，出入有门槛，护理人员进不去，无法助浴，淋浴房内没有安全扶手，万一发生危险无法施救。

④老年人坐的沙发扶手太低太软，老年人起立或坐下无法助力保护。

⑤客厅东西太多且杂乱，不适合老年人助行器使用，容易造成磕绊。

⑥餐桌椅是普通桌椅，不适合老年人的身体机能要求，且餐桌椅的摆放位置在主要活动动线上，容易造成危险。

6.1.3 案例 3

（1）基本状况

C 女士，87 岁，独居老人，身边无亲戚朋友，喜欢泡澡。因腿部问题（经常打针）不方便进出浴缸，迫切需要解决目前困难。老人身体偏胖，走路可看出与常人不同，起身坐下非常困难。

（2）居室基本状况

房屋建于 20 世纪 80 年代，采光通风一般，且屋内药瓶等物品堆放杂乱。卫生间与洗漱室分开。现有一砌台式老旧浴缸（釉面极度磨损），且没有任何辅助老年人进出浴缸的扶手，用毛巾杆钉于浴缸旁墙面供老年人出入借力，情况十分危险。

（3）存在问题

①卫生间破旧情况很严重；卫生间无任何辅助老年人起坐设施。

②浴缸无辅助设施，老年人出入困难，易滑倒、磕碰。

③室内没有紧急呼叫报警设备。

④室内公共区域、走廊及各房间均光线昏暗，老年人视力下降，影响视物，容易造成跌倒等意外危险。室内没有设置夜间自动照明，老年人起夜不便。没有双联双控开关，关灯上床不便。

⑤卧室内没有适老化家具，起立或坐下非常危险，且物品多，堆放杂乱。

6.1.4 案例 4

（1）基本状况

D 先生，年龄不详，煤矿工人，从业数十年。老人身体状况较差，几乎每年都需要住院；被诊断为三期尘肺病，两肺上中下三个肺区存在大小不等的斑块状影，以右侧中下肺区为多，密集度为三级；有心脏衰竭病史，曾在医院被下病危通知；平时有便秘问题。

（2）居室基本状况

房屋为普通住宅，面积不大、拐角多。室内电力系统老旧，插座接口数量不足，照明条件一般。

（3）存在问题

①欠缺健康管理辅助设施。老人身体条件差，平时需要多加护理、康养，需要加装健康管理辅助设施以提升生活质量。老人表示，曾在氢体验中心通过氢氧雾化机体验吸氢、吸氧服务，自觉对病情缓解、情绪舒缓很有帮助，希望可以在家中安装雾化机，方便体验。

②电力管线布置老旧。老式住宅在设计时，并未预留过多插座接口；随着老年居住习惯的改变、家具布局的调整，难以在所需位置布置新的家用电器，限制了居住体验的提升。

③室内缺少报警装置。老人身体状况差，有急性病患病史，急需在居所内布置立体的报警系统以备紧急情况使用。

④居所内照明条件差、拐角多。一方面采光条件差、视线欠通达，加剧跌倒事故发生的可能性，为老人居住安全留下隐患；另一方面，一旦意外发生，同住者也不易及时发现和施救。

6.2 居家环境局部空间适老化改造解决方案

上述实际案例虽然背景各不相同，但很多问题存在共性，这些问题严重危害了老年人的安全与健康。基于细节处理的适老化改造案例展示了适老化改造如何于微小之处撬动老年生活品质的提升。本节将结合图示讲解甲子养老科技公司做的适老化改造解决方案，以供参考。

6.2.1 入户空间的适老化改造解决方案

（1）记忆橱窗的设计

针对记忆力减弱的老年人，可设置记忆橱窗，放置一些老年人熟悉或者记忆深刻的物品，帮助老年人进行回忆、识别和判断。

（2）外开门设计

厨房和阳台均为推拉门，同时入户门和房门均采用向外开启的方式，不仅便于老年人操作，而且在意外发生的时候，能够有效防止救助人员由于开门方式不当对老年人造成二次伤害。为保证轮椅通行，户门宽度应大于 1 m，有条件时门内外侧边应留出 0.4 m 左右的空间，方便开门时轮椅的靠近。

（3）智能门锁

随着信息技术的发展，智能门锁（如图 6-1）已经进入千家万户。进户门采用刷卡式电子门锁（含机械锁孔）免去老年人对锁孔烦扰，并可与社区一卡通联通。有别于普通的插芯执手锁，入户门采用刷门禁卡的方式，不仅增加了安全性能，而且便于老年人操作。同时，该门禁卡系统具备自动关门功能，按动把手后开门一次有效，不开门 10 秒钟自动锁上。若 10 秒钟未关门，门锁会发出长鸣声。紧急情况下，使用机械钥匙门锁仍能正常开门。有一些智能门锁还具有指纹识别、人脸识别功能，可以为老人提供更多方便。

图 6-1　刷卡式电子门锁及带有人脸识别的智能门锁

（4）门口置物架

在住宅门口放置置物架等，供出入时放置杂物，以便整理检查随身物品，腾出手来开关门、开关灯等，而不必做弯腰、下蹲等大幅度动作。此外，也可在此放置一些显眼物品以作为家门标志，防止认识能力下降的老人走错家门。同时，也要注意置物架边角的防撞处理。

6.2.2 门厅/玄关的适老化改造解决方案

（1）防眩晕照明

安装入户感应灯可极大增加老年人的舒适感，如图 6-2 所示，开门后自动亮灯，避免黑暗中摸索开关的困扰。应选用光线柔和的防眩晕照明灯，防止光线太刺眼、内外对比太强而产生刺激、眩晕等不良反应。

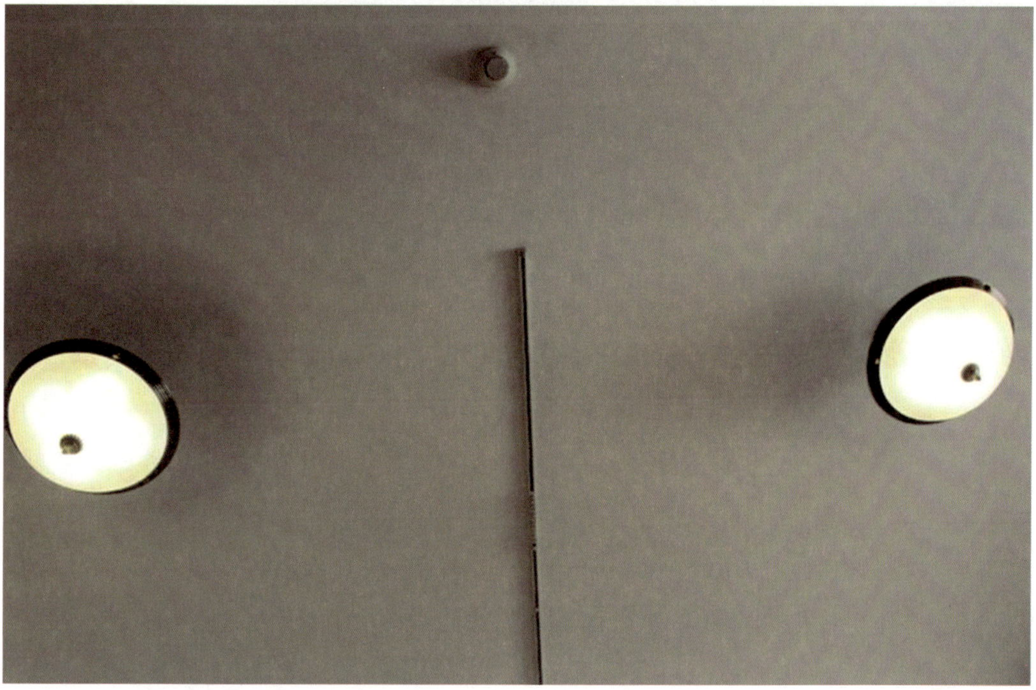

图 6-2　入户感应灯

（2）带扶手的换鞋凳

换鞋凳应加装扶手，如图 6-3 所示，方便起坐时借力。鞋凳的位置设置在门侧方，门开启时与人保持一定距离，方便行动。鞋凳旁还设置了脱鞋器，只需要插入鞋后跟处即可轻松脱鞋，从而避免了弯腰脱鞋的麻烦。

（3）开关/对讲机高度

在进门开关面板、可视对讲机等的安装高度方面，要参考中国老年人的平

图 6-3　换鞋凳

均身高，让老年人在舒适的高度下操作，避免过高或过低带来的不适和劳累。

（4）合理规划布局

开敞式的门厅设计有以下优点：活动空间更大；便于较大的物件搬运进出；与起居室等公共空间的视线联系畅通；接收来自后部空间的自然采光，视野清晰。门厅家具进行合理规划布局，科学优化动线，让老年人在门厅的活动形成相对固定的程序，同时对家具阳角进行圆角处理，避免磕伤碰坏，保证老年人安全。

6.2.3　客厅的适老化改造解决方案

①客厅家具之间预留轮椅通行宽度，如图 6-4 所示。

②客厅沙发背后墙面设置紧急报警按钮，如图 6-5 所示。

③家具阳角进行倒边（角）处理，降低老年人户内跌倒碰伤风险，如图 6-6 所示。

④墙面阳角做小圆角处理或者设置防撞条，降低老年人跌倒碰伤风险，如图 6-7 所示。

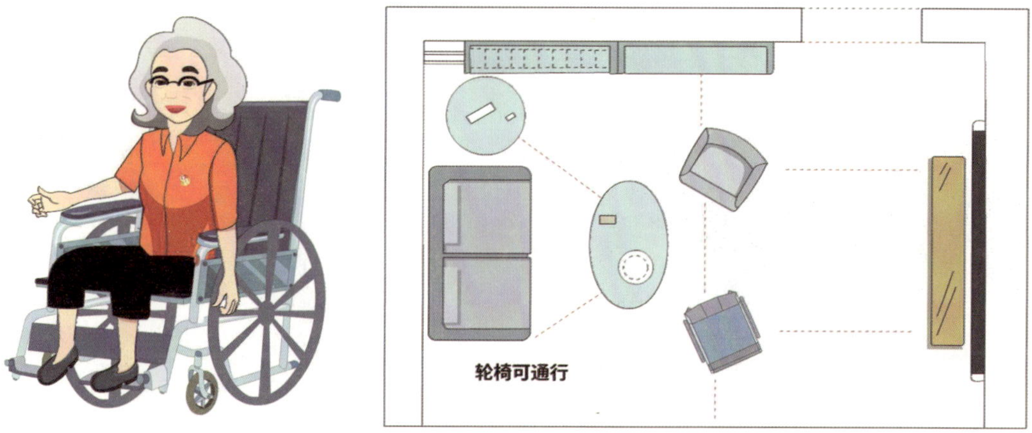

图 6-4　预留轮椅通行尺度

图 6-5　紧急报警按钮

图 6-6　家具的倒边和倒角处理

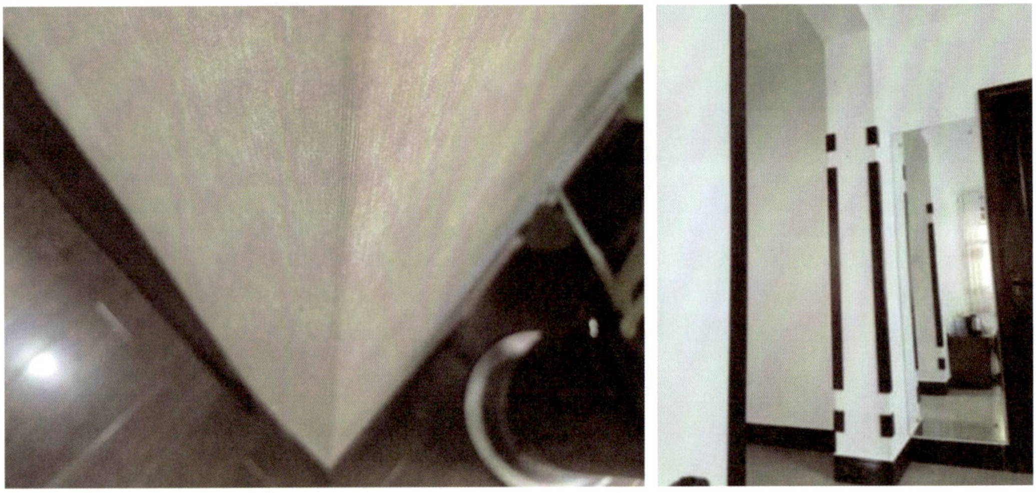

图 6-7　墙角小圆角或设置防撞条处理

⑤加强沙发坐垫硬度并增加扶手高度，方便老年人起身，茶几高度宜略高于沙发，便于老年人取物，茶几与沙发前缘之间净宽不宜小于 300 mm，高度宜略高于沙发坐面高度，茶几下部宜便于老年人伸直腿部。如图 6-8 所示。

⑥餐椅加设扶手，方便老年人起身。

⑦开关高度要兼顾普通老年人和轮椅使用者。开关的建议高度为 1.1 m，插座的建议高度为 0.6 m。

⑧卫生间门口设置报警装置，如图 6-9 所示，与物业公司后台连通。6 小时内，若检测无人进出卫生间，则向物业公司发出警报，以便电联或上门寻访，避免独居老年人发生意外而未被发现。

图 6-8 沙发与茶几的选择

图 6-9 卫生间门口设置报警装置

6.2.4　卧室的适老化改造解决方案

①卧室门净宽 900 mm 以上，方便轮椅通行。

②卧室入口区域预留轮椅 360 度回转的充足空间，如图 6-10 所示。

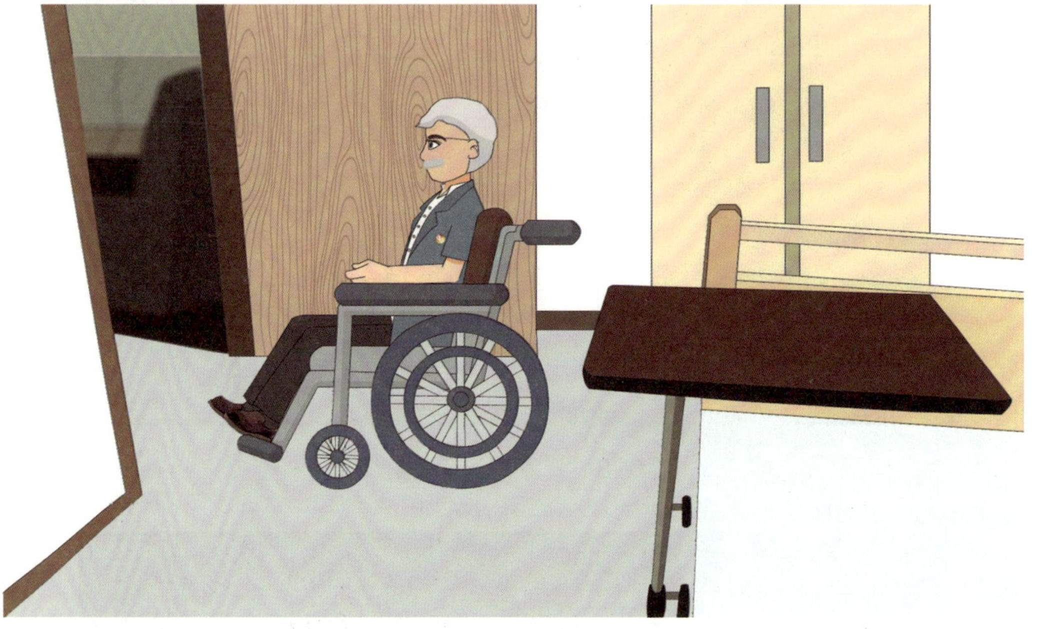

图 6-10　卧室入口区域预留空间

③适当位置设置起夜地灯。很多老年人晚上起夜次数增多，为此专门针对老年人需求，在卧室、客厅等主要空间设置起夜灯（如图 6-11），红外线等光感控制，有效保证老年人夜间活动的安全性。

④床头设置应急电源及紧急报警装置，应急电源断电后自动点亮，拔下后可做手电使用，每个房间设置一个。紧急报警装置主卧墙上适当高度设置 2 个，次卧设置 1 个。

⑤分床不分屋。老年夫妻若睡一张床，则易因为一方翻身或起身影响到另一方睡眠。采用分床垫设计双人床，减少单方动作的相互影响，不仅可以保障老年人的睡眠质量，也方便相互照料。

⑥衣柜柜门采用上下轨道设计，方便滑动取用衣物。柜内针对老年需求划分储物功能，上部设置挂衣杆，下部设置抽屉和层板，如图 6-12 和图 6-13 所示。

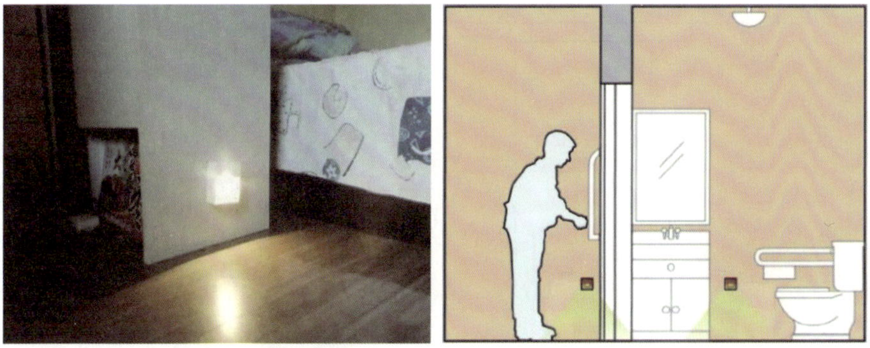

图 6-11 起夜地灯

图 6-12 衣柜柜门与空间设计

图 6-13　轮椅与挂衣杆位置示意图

6.2.5　厨房的适老化改造解决方案

①厨房预留轮椅 360 度回转空间，如图 6-14 所示。

②厨房吊柜增设下拉式拉篮，便于老年人与轮椅使用者取物，如图 6-15 所示；吊柜下方增设加强光源，提供补充光源。

③老年人视力减弱，为此在厨房操作台上方专门设置了高照明度灯光，使视野清晰，如图 6-16 所示。

④厨房下柜抬高 250 mm，方便轮椅使用者使用，如图 6-17 所示。

⑤厨房地柜高 800 mm，吊柜高 1350 mm（常规分别为 860 mm，1500 mm），方便老年人特别是轮椅者使用，如图 6-18 所示。

⑥厨房使用移动门，方便老年人使用，特别在老年人在厨房昏迷后便于急救。

⑦厨房操作台面小翻边处理，阻挡水流至地面，降低老年人跌倒风险。

⑧油烟机设置电源一键开关，方便老年人使用。

⑨厨房插座带电源开关，免去了厨房电器插头的经常插拔。

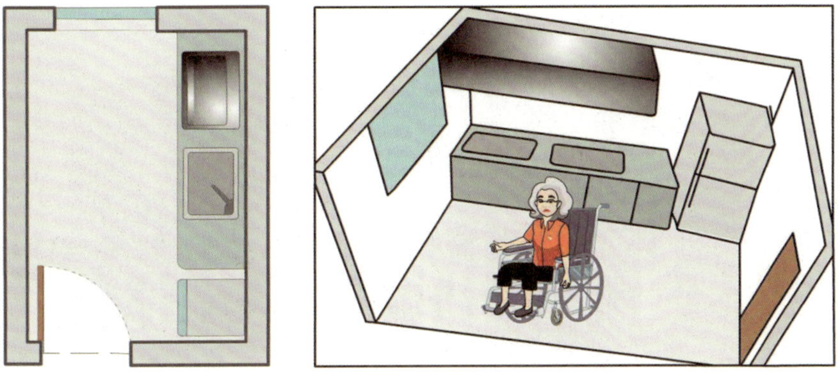

图 6-14　厨房预留轮椅空间

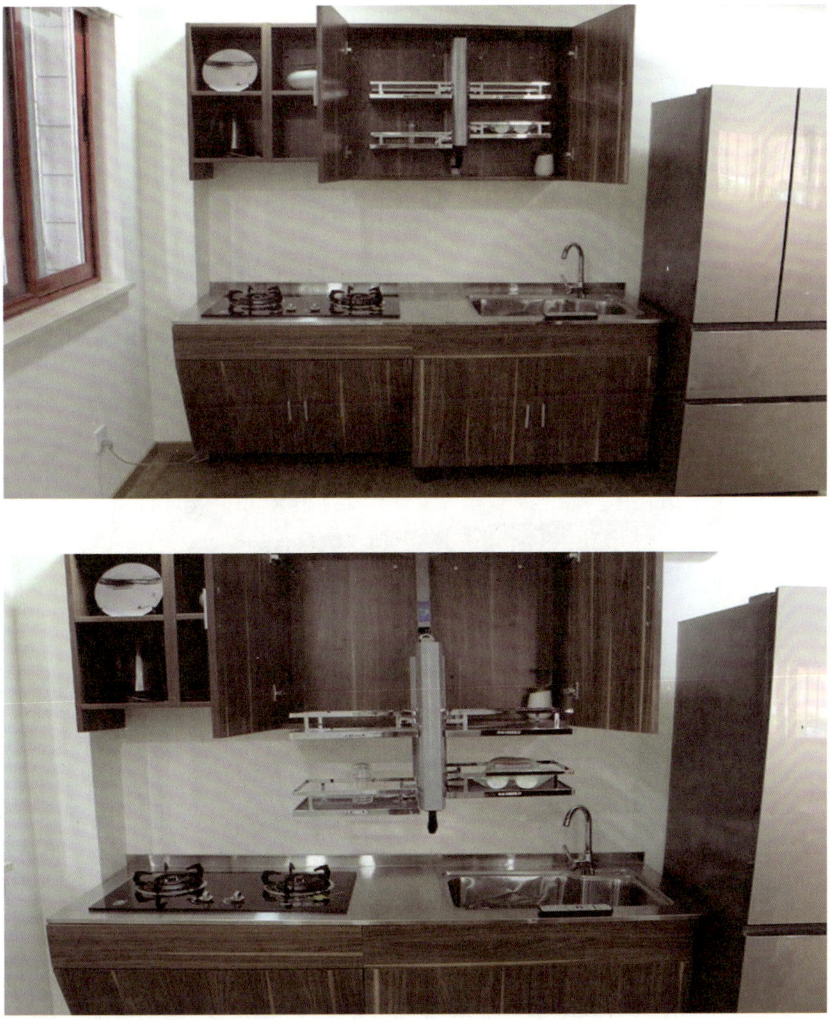

图 6-15　下拉式拉篮

图 6-16　高照明度操作台

图 6-17　厨房下柜抬高

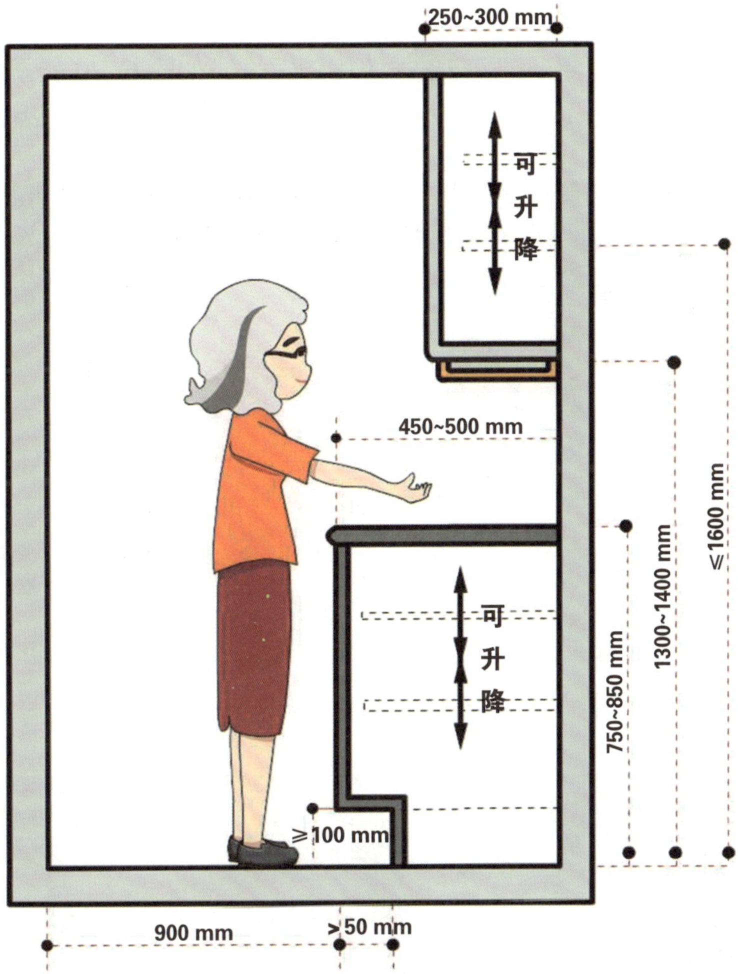

图 6-18 厨房的地柜和吊柜高度

6.2.6 卫生间的适老化改造解决方案

①马桶、淋浴房设置扶手、淋浴坐凳，淋浴房无高差设计，方便轮椅通行。室内湿滑是造成老年人受伤的最大“杀手”，浴室安装“L”型扶手，如图 6-19 所示，可有效减少老年人在洗浴过程中可能发生的滑倒风险。

②台盆柜采用可翻转层板设计，创建可变空间。平时作为储物空间。若有轮椅者使用，可调整为便于轮椅者使用。下方设计为凹进模式，凹进的宽度正好方便轮椅老年人贴近洗脸池，且下方凹进处设置暖足机，考虑到老年人血液循环不好导致足部发凉的特征，洗脸同时烘干湿脚，避免老年人生病。

③卫生间镜柜、玄关柜等处进行灯光加强处理。

④卫生间设置取暖架，可提高冬季使用舒适度，如图 6-20 所示。暖气架还兼作毛巾架，取暖和烘干毛巾一举两得，解决卫浴空间潮湿易生菌的问题。

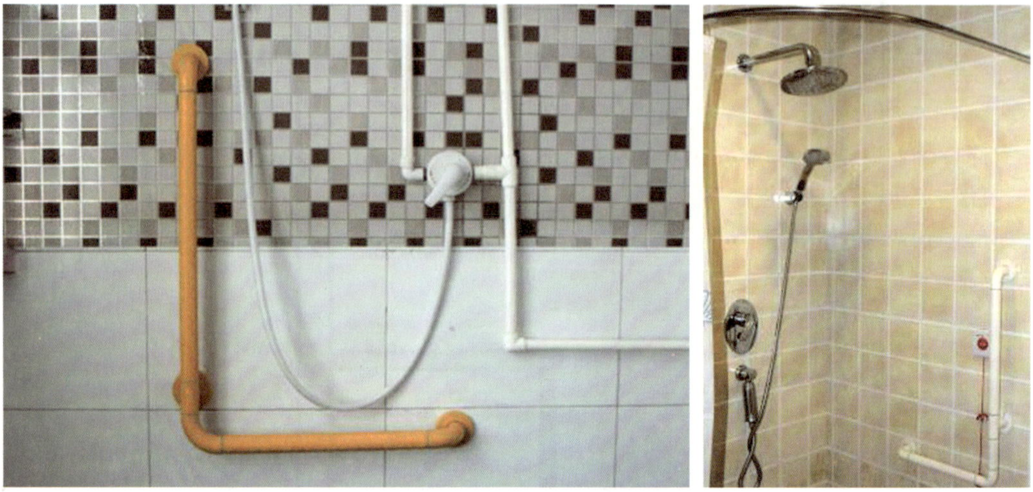

图 6-19　卫生间扶手

图 6-20　带扶手的卫生间取暖片

6.2.7 阳台的适老化改造解决方案

①阳台与室内的衔接处采用无高差设计，便于轮椅通行。

②人老了个子都会变矮，为了贴合老年人的需求，阳台栏杆处设置折叠式晾衣架，高 1 m 左右，比常规晾衣架低约 0.5 m，随手就可晾晒衣物，免去上高或弯腰的危险动作。

6.2.8 健康管理辅助设施的适老化改造方案

根据老人意愿，配备感兴趣的健康管理辅助设施硬件。老年夫妻同住，或住于养老机构或医院中，免不了碰到一屋之内多床位的情况。老人起夜如厕时，不免发出声响，一来自己困窘，二来影响同屋浅眠的老人。一款集便器通过独特的结构设计，在内壁引入微小孔粒，极大程度减弱噪音，可以缓解这一尴尬。这款适老化产品贴近生活细节，直击难言痛点，巧妙解决问题，为局部空间适老化改造提供了思路参考。

在案例 4 中，老人认为氢体验十分有助于其身体、情绪调养，则可根据其意愿安装相关设施（如图 6-21）。当下电解水生氢的成本较低，市面上也出现了经济适用的家用吸氢机、富氢饮水机等产品。可在老人卧室床头安装吸氢机，卧床休息、晚上睡前等需要时便于静息舒缓。可在居室内安装富氢饮水机，在日常饮水时同步调理。将老人需求融入日常生活、嵌入家装布局，在不对生活状态进行大幅变动的条件下满足其需求，以提供健康价值、情绪价值。

同时，可在居室各处安装当前市面上存在的家用吸氢机（如图 6-22），不改变他们原有的生活状态下，可以少量吸入低浓度的氢气，这对老年人的失眠问题能起到一定的缓解作用，有助于提高老人的睡眠品质。

针对老人身体问题，配备健康提升软件。对于存在轻度健康困扰的老年人，可提供软性适老化知识支持，形成一套行之有效的日常健康提升方案。案例 4 中的老人有便秘问题，损害了身体健康和生活质量；对此，优化居家食谱、常备利于症状缓解的食品、药品、保健品。经查，老人的便秘问题的原因之一为肠道菌群不调，则可针对性地配备调节肠道菌群的产品，如当前市面上的益生元产品等（如图 6-23）。

图 6-21　富氢水机实物图

图 6-22　吸氢机实物图

6.3 居家环境全屋适老化改造解决方案

下面给出一个老年人住宅适老化改造整体解决方案的案例，整个适老化改造包括了评估、设计、施工、主材及辅料选择和最终产品交付等环节，适老化改造的主要内容如表 6-1 所示。

表 6-1 全屋适老化改造整体解决方案

内容	1. 评估 2. 设计 3. 施工 4. 主材、辅料 5. 产品
防跌防撞	1. 地面防滑 PVC 地板、消除地面高差凸起 2. 墙面改造铺贴墙贴、加设安全扶手、加设防撞设施 3. 配置步行辅助车或电动代步车
紧急报警	1. 卫生间与室内报警呼叫器 2. 燃气及火灾报警器 3. 儿女报警老年人卫士 4. 老年人呼叫器社区报警
采光照明	1. 入口及卧室双联双控开关 2. 自动感应地脚灯 3. 改造老化电路
舒适卫浴	1. 智能马桶盖 2. 马桶扶手架 3. 坐便器 4. 坐式淋浴器 5. 可伸缩龙头 6. 橱柜
空间收纳	1. 玄关柜 2. 换鞋凳 3. 橱柜 4. 衣柜 5. 床头床底 6. 储藏间 7. 阳台 8. 厨卫

续表

内容	1. 评估 2. 设计 3. 施工 4. 主材、辅料 5. 产品
适老家具	1. 适老桌椅 2. 助力沙发 3. 健康床具 4. 空气净化器及检测仪 5. 净水器及检测仪 6. 智能设备

6.4 互联网智慧养老服务平台设计（J-Link）

甲子 J-Link 是北京甲子科技开发的智慧养老服务平台，可以为政府养老、机构养老、居家养老提供软件系统与智能设备支持。如图 6-23 所示，该平台系统包含统一门户系统、智慧养老运营子系统、智慧养老服务商子系统、智慧养老监管子系统、大屏幕监督指挥子系统、适老化改造子系统、统一需求评估子系

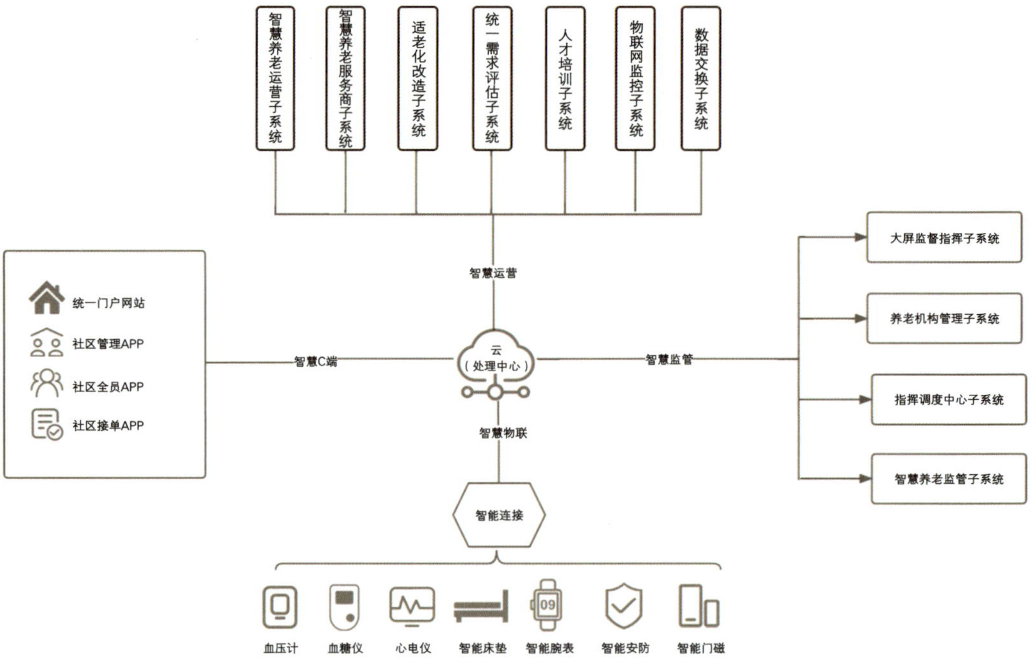

图 6-23 甲子 J-Link 架构图

统、养老机构管理子系统、人才培训子系统、物联网监控子系统、数据交换子系统、社区管理 APP、社区会员 APP、社区接单 APP、指挥调度中心子系统等。下面分两个小节分别介绍平台的总体功能设计及各个子系统的功能。

6.4.1 互联网智慧养老服务平台总体功能

总体功能下面分智慧养老服务平台、养老大数据监管平台、管理人员移动端、服务人员移动端、老人及亲属移动端五个部分进行叙述。

(1) 智慧养老服务平台

①长者信息管理。

养老需求评估模块和基本信息模块对老人的信息进行动态建档、更新、维护。综合老人的健康（如疾病、自理能力等）、经济、年龄、环境等评估因素，并以老人的背景身份（如是否为低保人群、是否为重点优抚对象等）作为辅助参照，企业可根据老人的实际需求设置、调整服务计划。

平台为每个老人分配专属二维码，作为老人接受服务、参加社区活动等的身份识别依据。对长者的基础信息、需求信息、身体情况、生活环境、中医体质、主要健康问题、病史、生活信息等主要信息进行录入、修改、删除。能够对长者进行分社区进行管理。具备老年人能力评估、适老化智能改造评估功能。满足调研人员通过电脑、手机对老人居家环境进行评估及自动生成评估报告功能。

除老人的基础信息和评估信息之外，平台可记录老人日常健康数据、膳食数据、服药数据等健康信息，并可对每个老人的数据统计分析，查看老人健康变化趋势。能够记录长者的体检数据，以及身高、体重、血糖、血压、心率等健康数据。

长者信息档案中还包括了老人与服务商签订的服务合同、特定的服务项目（如家庭养老床位项目）等信息，方便服务商进行管理，也便于监管部门审查。

②服务项目管理。

服务项目管理系统实现将不同类型的老人，包括不同健康情况、政府支持类型、支付类型等的老人，将其能享受的服务内容以及支付方式，做区隔和梳理，确保每个老人在系统平台上可选择的服务项目和时长是正确的。针对老年人和家庭的具体情况，开发个性化最适合的服务项目，做到“一户一策”的服务选择。

③服务工单管理。

服务工单管理系统可同时实现智能排单以及按老人临时需求派单，并支持通过电话中心呼入。可以根据评估结果为每个长者设置个性化的服务计划。可查看筛选未指派、已指派、已接单、已完成、已回访、已关闭状态的工单，对没有及时响应指派的工单进行催单、对已完成的工单进行电话回访等。可调整工单的上门服务时间，工单详细信息可推送到服务人员端 APP。可实时显示服务人员的当前定位，为居家上门服务的监督增加了更有效的解决方案。后台可以如实记录每次服务是否真实上门、是否足额足时、是否有正常的反馈。

每次服务都会以单独工单的形式存储在平台中，可根据服务人员、老人等信息进行查询调阅。包括服务人员信息、上门时间及音视频/照片凭证、结束时间及音视频/照片凭证、老人或亲属评价、回访电话记录等。做到所有订单都可溯源、有迹可循。通过结算管理系统，根据不同资金来源，可自动划归到不同的报表下，便于多种项目的结算管理。

④服务合同管理。

能够新增、查阅、更新、管理与长者相关的合同。根据签约人、合同的开始结束时间、合同状态进行分类筛选。

⑤客户咨询管理。

对客户咨询信息进行存档、查看、编辑。

⑥服务人员管理。

平台可为服务人员设置不同角色，包括但不限于社区管理者、应急响应人员、全职护理员、志愿者等。可为不同角色设置不同权限，并做到按服务区域进行划分，确保不同服务区域的人员信息相互独立，具有层级管理功能。

平台可记录服务人员的详细档案。包括学历、获得证书、工作经历、工作年限、培训经历、培训时长、技能情况、信用档案、薪资等信息。建设服务人员档案大数据，各区域的养老服务供需情况一目了然，可以对人员调配、培训发展等工作做出有效支持。

⑦社区活动管理。

平台上可创建社区活动，并支持活动报名、现场签到、身份验证等功能。活动过程中产生的宣传图文，可分享到微信、微博等各大主流社交平台。机构活动的参与和宣传情况同步给政府端。

⑧本地商家管理。

具有对本地合作商家信息进行录入、编辑、删除、查看等功能。支持对商家进行分类管理。

⑨智能应急管理。

通过中心平台，对每一户老人所配备的家庭床位智能硬件进行统一的管理与设置，平台可以接入智能床垫、智能手环、烟感报警、水浸报警、SOS 呼叫器、门磁传感器、燃气报警器、身体状态传感器、运动传感器、智能药盒等设备，并可快速方便设置以符合老人实际需求。当设备与老人绑定后，设备产生的数据将自动上传到系统的服务器。出现异常信息时，系统将自动发出相关的异常警报，并通知相关的工作人员、长者子女或志愿者，使相关人员及时了解长者信息并响应事件的应急处理流程。若老人家中安装智能摄像头，还可一键切入以直观了解老人情况。

报警类型至少包括 SOS 异常、安全围栏异常、姿态异常、心率异常、健康数据异常、烟雾异常、燃气异常、设备离线异常、离床异常、出入异常、睡眠异常。每个报警的详情包括设备信息、长者信息、长者定位或事件发生地点都可以查看。能够图形化展示报警信息、报警统计信息。告警消息处理追踪，实时更新最新的报警处理信息。

老人发生突发情况时，服务人员能及时接收报警信息，并进行查看与处理。平台设应急报警信息中心，值守人员可第一时间调阅每条报警信息的处置情况，并将报警后续的工作流程进行记录，方便企业后续进行维护。

⑩适老化改造管理。

适老化改造是通过准确评估、定制改造方案，为老年人提供专业的适老化改造服务，帮助老年人获得优质生活环境。适老化改造管理后台是对适老化改造申请、评估、改造等各环节的综合管理。功能包含以下内容：改造对象管理、服务机构管理、改造进度查询、改造申请管理、工单管理、库存管理、产品管理、系统管理等。

A. 改造对象管理。

老人档案维护、老人状态更新等。

B. 服务机构管理。

服务机构基础信息维护、员工档案维护等。

C. 改造进度查询。

根据适老化改造业务节点，显示老人当前改造建设进度，每个节点的业务流程通过后更新完成情况。

D. 改造申请管理。

a. 改造申请：老人提交申请或工作人员帮助收集老人资料，提交改造申请，由民政部门审批老人是否满足民政兜底进行适老化改造的标准。

b. 改造评估：通过专业评估人员对老人的健康状况、日常生活、精神状态、感知觉沟通、社会参与、居住环境等多方面进行综合评估，通过科学的评估，制定出最适合老人的适老化改造方案。

c. 改造签约：根据评估结果和老人及家人或者其他责任人确定改造方案，签订合同。

E. 工单管理。

a. 改造工单：服务机构和人员按照合同签订的改造内容上门进行改造，留存改造前后对比记录，完成改造后由政府人员进行验收。

b. 服务工单：服务机构和人员按照合同签订的服务内容上门进行服务，留存服务过程记录。

F. 库存管理。

a. 仓库设置：配置仓库信息。

b. 入库管理：将采购的适老化产品和智能化产品登记入库。

c. 领用管理：根据和老人签订改造合同包含的产品，申请产品领用。

d. 出库管理：按照领用申请的产品进行出库登记。

e. 实时库存：查询每个仓库各类产品实时库存数量。

f. 退货管理：将退货的适老化产品和智能化产品登记退库。

g. 库存盘点：定期对库存数量盘点，形成盘亏盘盈单。

⑪养老机构管理。

养老机构信息管理系统是主要面向养老机构，通过对机构内部事务流程化、联网化管理，一方面为政府主管部门跟踪掌握养老机构的老人、床位、护理、厨房、护工、安全、设施等环节，提供完整的统计报表和强大的数据分析功能；另一方面协助实现机构内部业务标准化管理，规范机构日常管理工作，从而改进机构内部执行效率，提升管理水平和经济效益。

养老机构内部管理流程，主要包含以下九项管理模块：

A. 接待管理。

本模块面向养老机构前台接待人员，涵盖来访、咨询、预约、探视等各类接待业务。功能包含以下部分：咨询登记、预约登记、来访登记、床位查询、收费标准等。

B. 老人管理。

本模块是为入住养老机构的老人建立完整的信息档案库，以便有针对性的开展各项服务措施。包含老人信息的一些管理功能：基本信息管理、信息管理、健康档案管理、护理计划管理、相册管理等。

C. 入住管理。

本模块是为养老机构进行入住流程管理，涵盖登记、审核、合同等流程化管理。此部分功能包含以下内容：试住登记、入住登记、入住审核、合同管理、合同预警、换床日志。

D. 评估管理。

本模块面向养老机构评估人员，评估人员可以对新入住老人进行国家标准的综合能力评估（也可进行自定义能力评估）或者对已入住老人进行即时（变更）评估，还可进行中医体质辨识，以确定老人的评估等级与护理等级，为确定老人的费用标准和护理项目提供基础。评估管理功能包含以下内容：综合能力评估、中医体质辨识、评估预警、自定义能力评估。

E. 护理管理。

本模块面向涉及护理方面日常的工作，涵盖了护工、护理组、交接班管理，护理等级、项目、计划、时间设置，老人在院期间需要给老人提供或者办理的各类护理相关的服务。包含：护工管理、护理服务、巡房管理、护理设置。

F. 日常管理。

本模块面向养老机构工作人员护理以外的日常事务进行管理，涵盖了膳食、健康、活动、关怀、事件等方面的日常事务。包含以下管理功能：膳食管理、健康管理、活动管理、关怀管理、事件管理。

G. 人事管理。

本模块对行政资讯、护工培训、志愿者及机构工作人员进行管理，帮助企业有效管理各种行政资源，包含：护工培训管理、内部员工管理、志愿者管理、办公管理设置、评价管理。

H. 结算管理。

本模块面向财务工作人员，涵盖老人在养老机构所有费用管理和查询。功能包含以下内容：入院押金管理、入院缴费管理、月度缴费管理、出院结算管理、缴费单据明细、缴费记录明细、老人收费清单、老人欠费清单、账户充值管理、老人收费修改、退住确认单。

I. 报表管理。

主要面向机构各部门、机构领导，可提供以下报表：入住年龄统计、护理级别统计、常见疾病统计、老人类别统计、突发事件统计、入住情况统计、物品领用统计、领导决策分析。

⑫老年食堂管理。

系统汇集老年食堂数字管理、智能监管、精准服务于一体，在取餐人脸识别技术应用的基础上，实现老人订餐、支付、食堂财务数据的安全记账和防篡改功能。该系统以零距离满足老年人居家养老就餐需求为切入点，借助互联网运营模式，实现子女为父母点餐等功能。

⑬呼叫中心管理。

平台支持呼叫坐席。当有来电时，平台将自动识别来电号码，匹配出相关的老人或者工单信息，在电脑界面中呈现出老人的详细信息（如健康情况、工单服务情况、家庭定位地址等），方便工作人员马上了解来电的目的，并进行快捷的业务操作。系统将自动记录来电、去电情况，来去电时间，以及呼叫老人的详细标签信息，便于管理人员追溯管理。

（2）养老大数据监管平台

养老大数据监管平台将社区居家养老所涉及的老年人、供应商、志愿者、服务人员进行全局大数据管理，将各个主体的信息进行汇集。该平台可根据实际需要，链接汇集民政已有的及未来的其他数据仓，也可与其他部门如卫健、公安、市场管理、人力社保等数据平台进行连接。

①基础大数据驾驶舱。

老年人数据信息是执行养老服务信息化的重要基础。老年人的基础数据来源包括对接其他系统（如人口系统）和由 B 端机构登录两种方式。除基础数据之外，通过社区评估、其他部门数据库连接、社区服务更新、居家上门服务更新等多种数据来源，还可建立其测评、医疗、饮食、护理、康复、活动等多方面的档案。

服务机构数据库中包括各类社区居家养老基础设施，如养老服务站、老年食堂、老年活动中心、日间照料中心等。政府采购数据库中包括各类采购项目的电子档案留存、供应商的管理（采购资格、履约情况等），以及政府采购服务受众的资质和支付情况的管理。

大数据驾驶舱可对上述数据进行分类统计、筛选、分析，并最终汇总为直观的 BI 视图。统计界面可逐级钻取，分不同行政区域点选择查看。

②服务大数据驾驶舱。

服务平台中的所有服务工单，最终汇总为服务大数据。大数据显示各个区域下的服务类型占比，完成的服务工单分类、工单满意度情况等。还可展示具体时间段、不同服务机构、不同服务人员的服务情况，也可查看某个老人的历史具体服务记录。方便监管部门进行多维度的对比展示。

针对应急报警的事项，大数据显示通过智慧平台建设，响应的应急报警数和报警类型，能展现报警处理的响应速度、处理时长、处理结果，并根据不同报警类型和不同机构进行筛选分类，从而展示出智慧平台建设对老人安全感和获得感的提升作用。

服务大数据驾驶舱还可以分区域、分类型地对老人的健康数据进行归总分析。查看不同区域老人健康状况的分布，以及变化趋势，展现出养老服务对居民健康的作用和好处。

(3) 管理人员移动端

管理者能接收老人使用的智能硬件所发出的报警以及服务需求，并进行工作任务的指派。可查看老人的智能设备、设备功能监测、适老化设施等安装信息、智能仪器绑定、设备数据能够绑定到长者、紧急告警列表、服务员可直接处理告警。

(4) 服务人员移动端

服务人员通过移动端接口，实现服务留痕、记录、接受督导监察、以及进行线上培训的作用。不同类型的服务人员通过账号权限进行区隔，可响应不同类型的服务工单。

服务人员移动端自动刷新，获取当日待办工单信息。当老人发起“点菜式”临时需求或触发应急报警，服务人员立刻获得相关信息推送。服务人员在居家上门服务时需要通过身份认证、定位上传方可开始服务；结束时通过移动端进行反馈，智慧养老服务管理平台会全程记录过程信息。

服务人员移动端带有养老职业培训和常用技能的富媒体教材内容，可作为碎片化学习的端口，使服务人员能定期接受职业技能提升教育。

(5) 老人及亲属移动端

对于老人家属及有较强电子产品使用能力的老人，可通过 APP 或小程序进行“点菜式”下单操作，并在移动端上了解服务工单的实时、详细信息并作出评价。对于不熟悉电子产品的老人，依然可通过呼叫中心发起服务需求。

老人及亲属端口可接收社区活动及社区服务信息，协助扩大宣传。亲属还可通过移端接收老人的护理服务信息及健康信息的及时更新。

6.4.2 互联网智慧养老服务平台子系统功能

(1) 统一门户

统一门户是供所有用户访问的平台，通过调用统一身份认证平台，用户可以在统一登录平台进行多系统、多账号的注册，实现设置不同权限的用户角色，并将角色和相关岗位做精确匹配，做到不同岗位人员注册系统时，可以自动分配相应的权限功能。此部分主要功能包括：统一登录引导系统、统一注册、统一权限分配、系统集成。

（2）智慧养老运营子系统

智慧养老运营子系统是供运营商进行平台运营的平台，用以完成平台服务商准入审核，以及对服务商服务内容制订统一标准，定期开展各类推广活动，根据服务商服务质量和运营成效与服务商进行结算。

系统主要功能包括：长者信息、养老评估、会员积分、膳食计划、药盒数据、体检数据、日常健康数据、护理信息介绍、工单服务计划、工单列表、排班表、申请记录、咨询记录、金额报表、积分报表、工单结算、工时统计、预警信息、设备管理、服务地图、监控中心、数据统计、大数据中心、长者数据中心、通话管理、话务统计、员工管理、合同管理、巡防记录、助老报表、活动、图文文章、相册、入驻管理、商家信息、服务类型、商家类型、账号设置、机构设置、社区设置、工种设置、业务类型设置、服务大类设置、服务细项设置、长者标签设置。

（3）智慧养老服务商子系统

智慧养老服务商子系统是社区养老服务站点用于运营的平台。主要用于运营商开展老年食堂、辅具租赁、中医理疗、心理咨询、床位照护、健康检测、上门服务等相关业务。

系统主要功能包括：长者信息、养老评估、会员积分、膳食计划、药盒数据、体检数据、日常健康数据、护理信息介绍、工单服务计划、工单列表、排班表、申请记录、咨询记录、金额报表、积分报表、工单结算、工时统计、预警信息、设备管理、员工管理、合同管理、巡防记录、助老报表、活动、图文文章、相册、刷脸结算、线上点餐、点餐记录、菜品管理、菜单管理、库存管理、出入库管理、卫生检查。

（4）智慧养老监管子系统

智慧养老监管子系统是供民政部门使用的监管平台，用以对全区所有养老服务资源包括老年人、养老机构、服务人员进行监管，同时对站点运营商家的服务质量进行监管。

系统主要功能包括：平台管理功能如服务商管理、长者管理、合同管理、设备管理和通话管理等；数据中心功能如大数据中心、长者数据中心、药盒数据、体检数据、日常健康数据依旧数据统计等；其他功能包括工单服务计划、商家入驻审核、商家信息、工单列表、排班表、申请记录、咨询记录、金额报表、积分报表、工单结算、工时统计、预警信息、服务地图、监控中心、话务统计、养老评估和会员积分等。

（5）大屏幕监督指挥子系统

大屏幕监督指挥子系统是服务中心使用的综合信息展示平台。系统既可以在日常工作中实时监控智慧养老业务运行状况，又可以在相关人员参观时，展示智慧养老运行成果。

系统主要功能包括：综合信息展示、服务工单统计、服务人员统计、养老机构分布、老年人分布、服务地图、预警监控地图。

（6）适老化改造子系统

适老化改造子系统是为实现对老年人居家生活环境进行适老化改造，包括施工改造、设施配备、合同签约等进行全流程管理而建设的系统。系统主要针对信息采集、责任服务商的服务效能、智能设备监护效果进行管理分析。

系统主要功能包括：服务档案管理、无效人员管理、服务对象管理、服务对象导入、服务机构维护、员工维护、改造申请审核、改造评估、改造签约、改造工单、改造验收、改造进度统计、结算清单、结算统计、适老化产品维护、用户管理、安全设备管理、健康设备管理、告警记录、告警规则配置、智能看护大屏。

（7）统一需求评估子系统

统一需求评估子系统是评估机构使用的管理系统。通过该系统，评估机构可以对老人适老化改造需求、上门服务需求、护理需求等进行评估，并实现评估结果在各个养老业务中共用，可以定制评估内容，设置评估人员等日常维护工作。

系统主要功能包括：评估机构管理、评估人员管理、评估表配置、评估申请、评估结果公示。

（8）养老机构管理子系统

养老机构管理子系统是社区站点机构使用，对老人入住社区站点床位进行管理，包括老人护理、餐饮、活动等方面。

系统主要功能包括：接待管理、老人管理、入住管理、评估管理、护理管理、日常管理、后勤管理、人事管理、结算管理、报表管理。

（9）人才培训子系统

人才培训子系统是给机构使用的平台，用于培训养老体系中的从业人员，依托此平台，可以对从业人员开展统一线上培训，发放资格证书。

系统主要功能包括：培训计划、视频内容、课程编排、考试任务、考试题库、考试查询、参训机构、学员管理。

（10）物联网监控子系统

物联网监控子系统用于实现智能设备的对接，通过该系统展示老人绑定健康监控、居家安全监控等设备的实时检测数据，并通过该系统接收设备推送的告警信息，与服务中心联动，通知服务人员或家属上门确认老人情况。

系统主要功能包括：用户管理、安全设备管理、健康设备管理、告警记录、告警规则配置、通知规则配置、监控中心大屏。

（11）数据交换子系统

数据交换子系统用于实现与政府数据交换平台、各专业子系统等进行数据交换，交换信息可包括问题信息、业务办理信息、综合评价信息等。通过建立统一的政务信息交换标准规范及数据交换系统，实现养老电子政务信息的整合与共享。

系统主要功能包括：本地数据交换接口，业务系统与社区管理 APP 接口，业务系统与门户网站接口，业务系统和短信子系统接口，与公安部门、民政部门、卫建部门、人社部门平台对接。

（12）社区管理 APP

建立社区管理 APP，站点运营商家从门户网站上下载该客户端，客户端分为 Android 版和 IOS 版本，根据自己的手机型号选择下载不同版本安装到手机上，站点运营商家下载后，只需要使用本人手机号即可登录 APP。

社区管理 APP 的使用用户为站点运营商家。站点运营商家可以从门户网站上下载该客户端，安装到自己的手机上，一方面可以管理站点业务，另一方面也可以和老人家属实时交流，从而更好的服务于群众。同时，社区管理 APP 可以实现工作汇报功能，站点运营商家可以随时查询员工的工作汇报，对问题整改情况和责任单位办事效率等进行实时关注和监督。

系统主要功能包括：登录、今日工单、新工单、已接单、已完成、事务管理、汇报管理、消息、公司动态、政策动向、行业前沿、修改密码、工单数据、我的课程、通用设置、退出登录。

（13）社区会员 APP

建立社区会员 APP，老人、家属从门户网站上下载该客户端，客户端分为 Android 版和 IOS 版本，根据自己的手机型号选择下载不同版本安装到手机上，老人、家属下载后，只需要使用本人手机号进行简单的注册即可登录 APP。

社区会员 APP 的使用用户为老人、家属。可以在线下单，实现辅具租赁、服务预定、查询老人档案、报名商家发布的活动，发布所需要的服务，也可以和工作人员线上交流。

系统主要功能包括：注册与登录、家属资料、设备预警、健康数据、饮食计划、护理计划、呼叫服务、咨询服务、在线问诊、活动报名、活动资讯、活动相册、适老化改造申请、适老化改造签约、服务预约、服务评价、服务工单、适老化工单、辅具租赁、服务交流、投诉建议、家属资料、药盒管理、我的积分、长者积分、我的消息。

（14）社区接单 APP

建立社区接单 APP，服务人员从门户网站上下载该客户端，客户端分为 Android 版和 IOS 版本，根据自己的手机型号选择下载不同版本安装到手机上，服务人员下载后，只需要使用本人手机号即可登录 APP。

社区接单 APP 的使用用户为服务人员。可以执行运营商家分配的工单任务，执行服务，对老人进行评估，向上级汇报工作，也可自主接单在线下单，也可以和老人、家属进行线上交流。

系统主要功能包括：今日工单、新工单、已接单、已完成、事务管理、汇报管理、消息、公司动态、政策动向、行业前沿、修改密码、工单数据、需求评估、我的课程、通用设置、退出登录。

（15）指挥调度中心系统

指挥调度中心系统是供运营指导中心各岗位用户使用的办公平台，用以完成各类养老业务的具体办理和信息查询。系统提供了工作处理、回访、帮助下单、档案录入等方面的应用，实现图、文、表、业务一体化管理。便于各级领导、监督指挥中心查阅工单处理进度和结果，可以随时了解各个站点的工作状况。系统将任务派遣、任务处理反馈、任务核查、任务结案归档等环节关联起来，实现监督指挥中心、各专业管理部门和政府之间的资源共享、协同工作和协同督办，实现对业务流程中的所有档案资料进行监督和管理的功能，实现应急问题处理、工单处理和流转全程控制。

系统主要功能包括：长者信息、养老评估、会员积分、膳食计划、药盒数据、体检数据、日常健康数据、护理信息介绍、工单服务计划、工单列表、排班表、申请记录、咨询记录、预警信息、设备管理、查询老人资料卡、查看老人档案、关联设备、地图定位、历史工单记录、服务预定、咨询、紧急救助、坐席人员管理、客户回访统计、呼出记录、呼入记录、画面监控、电话呼入呼出、电话录音。

第7章　结语

本书是甲子科技多年从事适老化改造实践的经验总结。

当前中国老年人的主要养老方式包括与家人共同居住、独居和机构养老等几种方式，其中，与家庭共同居住占比为80.4%、独居老人占比为15.9%，在机构养老的老人占比为3.7%。随着中国老龄化程度的不断加深，中国未来的基本养老模式就是依托社区居家养老模式，这是中国老龄化的基本国情所决定的。老年人在自己家庭中生活终老，不仅是对自己熟悉的生活环境的依赖性使然，也是养老资源稀缺和经济条件限制等现实环境下的必然选择。适老化改造是解决老年人居家养老问题的重要手段，为中国当前和未来的老年人营造一种舒适、方便和安全的居住环境提供了综合解决方案。适老化改造不仅造福于老年人，也对老年人的家庭和整个社会具有重要意义。

当前老年人更多地推崇节约型改造，那么要做到老年人和子女们满意的同时合理控制改造成本，就需要一个专业的评估队伍和非常详细的评估表，所提供的适老化产品必须精准，满足老年人实用需求，为老年人提供高品质的服务。

甲子科技在老年服务行业深耕多年，多次承接适老化改造服务项目，从实践中吸取了丰富的经验并形成了我们自己的思考。首先，适老化改造服务队伍有着极强的专业性要求，普通建筑队伍一般难以胜任。改造需要全方位体察老年不同阶段的生理和心理特征，结合服务对象身体工学特征、生活习惯，有的放矢地进行设计改造，才能达到省力、经济、舒适又实用的效果。其次，安全因素至关重要，改造材料的选择、空间布局的设计必须将使用安全放在首位，无障碍处理方案需避免意外发生后的二度伤害。最后，老年人比较恋旧，要做到安全的同时，考虑空间最小改变原则。

适老化是一个干中学的过程，在实际的操作中更好地了解老人的需求，逐步提升适老化的认识和专业技能，更好地为更多老年人服务。为了中国的老年人，甲子科技会做得更好。

参考文献

[1] 冯喜良，周明明. 北京养老产业蓝皮书：北京居家养老发展报告（2016）[R]. 北京：社会科学文献出版社，2016.

[2] 张航空. 首都人口老龄化与养老问题研究 [M]. 北京：中国劳动社会保障出版社，2016.

[3] 程瑞香. 室内与家具设计人体工程学 [M]. 2 版. 北京：化学工业出版社，2015.

[4] 林明鲜，刘永策. 城市居家与机构养老老年人生存现状比较研究 [M]. 济南：山东人民出版社，2015.

[5] 朱勇. 智能养老蓝皮书：中国智能养老产业发展报告（2015）[R]. 北京：社会科学文献出版社，2015.

[6] 周明明，冯喜良. 北京养老产业蓝皮书：北京养老产业发展报告（2015）[R]. 北京：社会科学文献出版社，2015.

[7] 吴玉韶，王莉莉，等. 中国养老机构发展研究报告 [R]. 北京：华龄出版社，2015.

[8] 尤元文. 老龄问题与养老工作资料选编（第三辑）[M]. 北京：中国经济出版社，2015.

[9] [日] 高龄者住环境研究所. 无障碍设计研究协会住宅无障碍改造设计 [M]. 王小荣，袁逸倩，郑颖，等译. 北京：中国建筑工业出版社，2015.

[10] [美] 吉姆摩尔（Jim Moore）. 21 世纪养老地产投资与运营经典系列：进军养老地产 [M]. 汪勇，高峻松，田思耀. 北京：中信出版社，2015.

[11] 吴玉韶，党俊武. 老龄蓝皮书：中国老龄产业发展报告（2014）[R]. 北

京：社会科学文献出版社，2014.

［12］张琪，张栋，等. 北京市“9064”养老格局的适应性研究［M］. 北京：中国劳动社会保障出版社，2014.

［13］陈喆，胡惠琴. 老龄化社会建筑设计规划：社会养老与社区养老［M］. 北京：社会科学文献出版社，2014.

［14］朱勇. 智能养老［M］. 北京：社会科学文献出版社，2014.

［15］住房和城乡建设部标准定额司. 家庭无障碍建设指南［M］. 北京：中国建筑工业出版社，2013.

［16］住房和城乡建设部住宅产业化促进中心. 养老住区智能化系统建设要点与技术导则［M］. 北京：中国建筑工业出版社，2012.

［17］周燕珉. 老人·家——老年住宅改造设计集锦［M］. 北京：中国建筑工业出版社，2012.

［18］赵晓征. 养老设施及老年居住建筑：国内外老年居住建筑导论［M］. 北京：中国建筑工业出版社，2010.

［19］民政部，全国老龄办养老服务体系建设领导小组办公室. 国外及港澳台地区养老服务情况汇编［M］. 北京：中国社会出版社，2010.

［20］周燕珉. 中小套型住宅设计［M］. 北京：知识产权出版社，2008.

［21］周燕珉. 住宅精细化设计［M］. 北京：中国建筑工业出版社，2008.

［22］林曦，姚琪，章曲，等. 家·养老：居家养老住宅适老化改造［M］. 北京：中国建筑工业出版社，2016.

［23］刘浩、魏勇、郭林. 老龄化背景下城乡养老模式选择研究——基于老年人健康指标的评价分析［J］，价格理论与实践，2021（10）：58-61+193.

［24］住房和城乡建设部城市建设司. 城市居家适老化改造指导手册［EB/OL］.（2023-05-31）［2023-08-25］https：//www. gov. cn/lianbo/bumen/202305/content_6883867. htm.

［25］中国住房和城乡建设部. 建筑与市政工程无障碍通用规范（GB 55019-2021/中华人民共和国国家标准）［M］. 北京：中国建筑工业出版社，2022.